林业专家建议汇编（四）

中国林学会 编

中国林业出版社

图书在版编目(CIP)数据

林业专家建议汇编. 四／中国林学会编. —北京：中国林业出版社，2024.2
ISBN 978-7-5219-2585-2

Ⅰ.①林… Ⅱ.①中… Ⅲ.①林学–研究 Ⅳ.①S7

中国国家版本馆 CIP 数据核字(2024)第 023023 号

责任编辑：李 敏

出版发行	中国林业出版社有限公司	
	（100009，北京市西城区刘海胡同7号，电话010-83143575）	
网 址	www.forestry.gov.cn/lycb.html	
印 刷	北京中科印刷有限公司	
版 次	2024年2月第1版	
印 次	2024年2月第1次印刷	
开 本	787mm×1092mm 1/16	
印 张	5.75	
字 数	60千字	
定 价	70.00元	

《林业专家建议汇编（四）》
编委会

主　任：赵树丛
副主任：尹伟伦　李　坚　曹福亮　张守攻　蒋剑春　吴义强
　　　　刘世荣　郝育军　文世峰　陈幸良
委　员：沈瑾兰　曾祥谓　陈绍志　崔丽娟　李凤日　沈月琴
　　　　王登举　张会儒　王　宏　周泽峰　胥　辉

主　编：文世峰
副主编：沈瑾兰　曾祥谓　王登举　王秀珍　王　枫
编　者：（按姓氏笔画排序）
　　　　马　煦　王　宏　王　枫　王卫权　王秀珍　王登举
　　　　尹伟伦　尹国俊　付玉杰　朱　臻　刘　萍　刘世荣
　　　　李　坚　李　飞　李　伟　李　莉　李卫忠　李凤日
　　　　李朝柱　杨　虹　吴义强　吴伟光　何友均　沈月琴
　　　　张　鸿　张会儒　张守攻　张连伟　张曼胤　陈幸良
　　　　陈绍志　周泽峰　周景勇　郎　洁　赵　荣　胥　辉
　　　　敖贵艳　徐彩瑶　翁智雄　黄选瑞　曹先磊　曹福亮
　　　　崔丽娟　符利勇　谢　杨　雷茵茹　雷相东　窦志国
　　　　戴瀚程

前　言

当前，我国林草事业进入了林业、草原、国家公园三位一体融合发展的新格局。习近平总书记指出，森林是水库、钱库、粮库和碳库。森林和草原对国家生态安全具有基础性、战略性作用，林草兴则生态兴。林草事业在建设美丽中国和人与自然和谐共生现代化的进程中将发挥更加重要的作用。新时代林草事业改革发展面临的诸多重大战略问题亟待进行深入的理论和政策研究。

服务党和政府科学决策是中国林学会的重要职能和光荣使命。学会成立100多年来，始终围绕我国林草事业大局，提出了许多具有重要战略价值的政策建议，为我国林草事业发展和林草科技繁荣做出了重要贡献。2014年年初，中国林学会创办了《林业专家建议》，作为学会开展决策咨询工作的重要载体和广大林业科技工作者建言献策的重要平台。十年来，学会积极引领林草科技工作者围绕国家重大战略和新时代林草改革发展的重大问题开展调研和约稿，形成了一大批有份量的专家建议，为服务新时代林草事业发展做出了应有的贡献。2017年、2020年和2022年，我们先后将已经刊发的专家建议结集出版，引起了林草业界的热烈反响。2022年至2023年间，《林业专家建议》聚焦"双碳"战略目标、国家公园、科学绿化、山水林田湖草沙系统治理、生态产品价值实现、湿地保护、大食物观与森林食物、林源中药材产业、林草古籍等主题进行约稿、组稿，凝练专家建议。其中，多篇建议得到了国家林业和草原局领导的批示和上级部门的采纳，为林草事业发展提供了有力的智力支撑。我们出版《林业专家建议汇编（四）》，持续推动学会智库成果的交流和分享，为促进新时代我国林草事业发展贡献力量。

积力所举无不胜，众智所为无不成。中国林学会将认真践行习近平生态文明思想，聚焦"国之大者"，发挥群团组织优势，充分调动智库专家的积极性，开展调查研究，积极建言献策，着力提升集思汇智资政、服务党和政府科学决策的能力，为建设美丽中国和人与自然和谐共生的现代化做出新的更大贡献。

编　者
2024 年 2 月

目 录

前 言

加强适地适林和混交异龄林培育　助力"科学绿化"和"碳中和"目标／1

关于加强新时代林草古籍工作的建议／7

关于深挖木本食用油供给潜力、增强国家粮油安全保障能力的建议／13

关于差异化推进山区生态产品价值分类实现机制的建议／20

我国滨海滩涂湿地亟待加强精准化监测和精细化保护管理／27

关于建立健全湿地生态产品价值实现机制的建议／32

关于高质量推进山水林田湖草沙一体化保护和系统治理的若干建议／38

大力培育林源中药材产业　推进生态美百姓富的建议／44

关于深入推进生态产品价值实现的建议／51

CCER抵消机制下高质量推进林草碳汇市场建设的建议／58

关于实施"藏粮于林"战略、构建多元化食物供给体系的建议／64

关于加强新时代林草文化传承发展的建议／71

关于依托全国森林可持续经营试点建立中国森林可持续经营长期试验示范网络的建议／78

加强适地适林和混交异龄林培育助力"科学绿化"和"碳中和"目标

我国林业建设取得了举世瞩目的伟大成就，成为全球森林面积增加最快、人工林面积最多的国家。但总体来看，我国森林质量整体不高，人工林质量普遍较差、天然林低质化问题突出，严重影响固碳等森林生态效益的发挥。着力提升森林质量是推进林业高质量发展的"牛鼻子"。通过开展森林立地质量评价，加强适地适林和混交异龄林培育，不断提升森林质量，维持高水平的森林碳汇，是实现"科学绿化"和"碳中和"目标的根本途径。

一、当前我国森林资源存在的突出问题

（一）森林质量整体不高

我国乔木林每公顷蓄积量平均只有94.83立方米，不到德国等林业发达国家的1/3；人工林每公顷蓄积量平均只有59.30立方米。森林每公顷年生长量平均为4.73立方米，只有林业发达国家的1/2左右；每公顷森林碳储量平均为43.11吨，仅为

世界平均水平的60%。全国乔木林中,质量"好"的面积3720.77万公顷,仅占20.68%。森林质量整体不高直接影响了森林生态服务功能的发挥,而立地质量尤其是土壤质量不清,未能完全做到适地适树和适时开展抚育管理是一个重要原因。

(二)林分结构不合理

我国现有林中,纯林面积占58.08%;人工乔木林中,纯林面积过大,高达80.98%。国际上最新的研究发现,人工纯林比混交林少70%的地上碳贮量。储存在土壤中的碳库比生物量碳库更为稳定,人工纯林比混交林的土壤有机碳含量平均约低12%。另一方面,我国现有幼龄林和中龄林面积占63.94%,近成过熟林占36.06%。据估算,未来二三十年内,将有60%的森林进入近成过熟阶段,森林碳贮量将在2030年达到峰值,随后将出现碳汇量下降的情况。而实现2060年碳中和目标,未来二三十年正是关键期。如何避免全国森林碳汇量进入下降期?答案就是通过培育混交异龄林,长期维持高水平的碳贮量和固碳速率。

(三)森林潜在生产力发挥不够

我国现有森林生产力具有很大的提升空间。根据中国林业科学研究院资源信息研究所立地质量评价项目组的测算,目前森林的现实生产力均低于其潜在生产力,也就是说森林的生产力潜力远未得到充分发挥。以吉林省为例,现有林的生产潜力平均只发挥了66%,还有34%的生产潜力没有发挥出来;在广东省,现有林的生产潜力平均只发挥了56%,还有44%的提升空间。通过调整林分结构和密度，不仅可以改善森林生物多样性，增加森林蓄积量，发挥潜在生产力，还可以大幅度提升碳汇等多种功能。

二、既有研究成果已经从理论和技术上回答了"在哪里造""造什么"和"潜力有多大"的问题

立地质量评价是森林经营的基础工作，适地适树（林）是森林经营的基本准则，也是开展科学绿化要解决的核心问题。中国林业科学研究院专家团队针对我国森林立地质量不清、潜力不明、适地适树缺乏科学依据等突出问题，开展了"我国主要林区林地立地质量和生产力评价"研究，提出了新的基于潜在生产力和分布适宜性的立地质量评价方法和适地适林技术，形成了森林立地质量定量评价的理论与技术体系，为解决"在哪里造""造什么"和"潜力有多大"等重大问题提供了科学支撑。

一是提出了基于林分潜在生长量的立地质量评价方法。该方法可以估计不同立地不同森林类型的潜在生产力，从而确定现有林的提升空间，解决了人工林、天然林、无林地相容性评价、潜在生产力估计、潜力提升空间和最优密度问题。该方法适用于纯林和混交林。

二是提出了基于潜在生产力和分布适宜性的适地适林评价技术。该技术可以实现落实到小班的任意立地的森林适宜性评价，将"适地适树"扩展至"适地适林"，定量回答了"在哪里、能不能生长、能长多少"等问题。

三是成果推广应用取得了显著成效。上述研究成果在吉林、河北、浙江和广东等4省的部分地区得到应用,示范面积达47万公顷,在科学绿化中树种选择和搭配、中幼林抚育中确定优先抚育林分、退化林修复中确定目标林分等方面发挥了重要的作用。特别是在河北省塞罕坝机械林场开展了7.47万公顷林地的立地质量评价,形成了现有林各小班的现实、潜在生产力、生产力提升空间和适地适林图件,为提升林场的森林可持续经营水平,助力塞罕坝林场二次创业作出了重要贡献。

三、加强适地适林和混交异龄林培育的建议

(一)以第三次土壤普查为契机,开展全国森林土壤普查

土壤是森林生长的物质基础和陆地生态系统最大的碳库。新中国成立以来我国曾进行过两次土壤普查。第一次是20世纪50年代,规模及采集的数据都非常有限,资料也不完整。第二次是20世纪80年代初,规模宏大,涵盖了全国所有耕地土壤,资料齐全,其数据获得广泛应用。但这两次均未涵盖森林土壤。2022年2月17日,国务院发布了《第三次全国土壤普查工作方案》,普查范围包括全国耕地、园地、林地、草地等农用地和部分未利用地的土壤。但"林地、草地重点调查与食物生产相关的土地",这显然不能满足当前科学绿化、森林质量精准提升和土壤碳计量的需要。与农业土壤不同,森林与土壤之间具有互相作用,森林土壤碳贮量占森林生态系统碳贮量

的74.6%，摸清森林土壤本底，是科学推进国土绿化和实现碳中和目标的重要基础。因此，建议以第三次土壤普查为契机，及时开展全国森林土壤普查，准确把握全国森林土壤质量状况，为科学绿化提供基础数据，启动实施全国森林土壤碳贮量计量评估工作。这将是一项具有里程碑意义的工作。

（二）开展全国森林立地质量和适地适林评价，形成全国立地质量和适地适林决策"一张图"

由于立地质量本底不清，导致造林绿化和森林经营的盲目性，迫切需要实现从"适地适树"（造纯林）到"适地适林"（培育混交林）的转化。我国长期森林资源清查（一类清查）和林业资源一张图积累了大量可靠的数据基础，但这些海量数据尚未充分转化为支撑科学决策的有效信息。建议充分利用这些数据，依托中国林业科学研究院和国家林业和草原局林草调查规划院，采用大数据和人工智能技术，开展全国森林立地质量和适地适林评价，形成全国立地质量一张图，并开发简单易用的APP应用软件，实现任意林地的立地质量查询和适合树种搭配，为科学绿化提供"智慧大脑"。

（三）在国土绿化试点示范项目和重大生态工程中强化科技成果应用，提高决策水平

为贯彻落实中共中央、国务院关于科学开展大规模国土绿化行动的决策部署，积极做好碳达峰、碳中和工作，提升碳汇能力，2021年起，中央财政支持开展国土绿化试点示范，同时国家林业和草原局也启动了科学绿化试点示范省建设。明确立地尤其是土壤状况和树种特性，合理配置树种组成，是开展科学绿化和提升碳汇能力的关键。建议强化国土绿化和科学绿化试点等重点工程的科技支撑，广泛应用立地质量和适地适林等科技成果，提高科学绿化决策水平。

（四）在全国森林经营试点中开展培育混交异龄林工作，维持高水平的固碳速率

森林固碳速率因树种和发育阶段而不同，普遍认为中幼林具有较高的固碳速率，混交林异龄林具有比纯林更高的碳贮量和生产力。通过定期伐除进入老龄的林木，不仅能持续地产生木材，而且能保持较高的碳贮量和稳定的固碳速率，尤其是能够实现土壤自肥能力和显著地增加土壤碳贮量，从而形成高质量的"恒续林"。建议开展培育混交异龄林经营试点，通过近自然改造，逐步将目前的大部分人工针叶纯林培育成混交复层异龄的恒续林。同时，尽快启动天然林修复试点，提升天然林的质量。通过上述举措，实现持续的高水平固碳速率，为实现2060年碳中和目标作出更大贡献。

撰　稿

中国林业科学研究院资源信息研究所：雷相东

关于加强新时代林草古籍工作的建议

党的十八大以来，以习近平同志为核心的党中央站在实现中华民族伟大复兴的战略高度，对传承和弘扬中华优秀传统文化作出一系列重大决策部署，古籍工作迎来新的发展机遇。中华文明历史悠久，创造了灿烂的森林文化和草原文化，保存了类型多样、特色鲜明的林草古籍，具有重要的传承和利用价值。2022年4月，中共中央办公厅、国务院办公厅印发了《关于推进新时代古籍工作的意见》，首次明确了林草主管部门在古籍工作中的地位和职责，为加强林草行业的古籍工作指明了方向。

一、加强林草古籍工作具有重要的战略意义

（一）加强林草古籍工作，是贯彻习近平生态文明思想和新发展理念的重要举措

习近平总书记强调，生态文明建设是关系中华民族永续发展的根本大计，生态兴则文明兴；林业建设是事关经济社会可持续发展的根本性问题，林草兴则生态兴。中华民族自古以来就有尊重自然、热爱自然的优良传统，绵延五千多年的中华文

明孕育了丰富的生态文化。加强林草古籍工作，保护和挖掘我国优秀林草生态文化典籍，继承和弘扬人与自然和谐共生的林草生态文化传统，是贯彻习近平生态文明思想和落实绿色发展理念的实际行动。

(二)加强林草古籍工作，是传承文化遗产和增强文化自信的重要途径

习近平总书记指出，中华文化源远流长，为中华民族生生不息、发展壮大提供了丰厚滋养。总书记高度重视历史文化遗产保护工作，强调要让书写在古籍里的文字都活起来。植绿护绿、关爱自然是中华民族的传统美德。五千多年中华文明形成并孕育了种类繁多、特色鲜明的林草文化遗产。加强林草古籍工作，保护林草文化遗产，有助于弘扬中华文化、传承生态智慧、坚定文化自信。

(三)加强林草古籍工作，是推动新时代林草事业高质量发展的客观需要

新中国成立以来，我国林草事业取得了举世瞩目的成就。尤其是改革开放以来，我国森林面积、森林蓄积量实现持续快速增长，人工林面积稳居全球第一，我国对全球植被增量的贡献达到四分之一，居世界首位。党的十八大以来，中国特色社会主义进入新时代，生态文明建设上升为国家战略，人民对良好生态环境的需求日益高涨，林草事业迎来新的发展机遇。开展林草古籍保护和研究，促进优秀林草文化传承创新，是林草事业高质量发展的应有之义。

二、林草古籍整理研究工作亟待强化

我国传世的林草行业古籍非常丰富，专门的谱录有《竹谱》《笋谱》《荔枝谱》《橘录》《桐谱》《菌谱》《鸟谱》《兽经》《植物名实图考》等，相关的志书有《南方草木状》《桂海虞衡志》《岭外代答》《滇海虞衡志》等，还有一些林草古籍与农业、本草、地理、园林等古籍融合在一起，更有大量的契约文书和护林碑刻散布于全国各地。这些林草遗产，蕴含着诸如道法自然、天人合一、仁民爱物、以时禁发等丰富的生态伦理和生态保护思想，以及诸如制漆、造纸、龙泉码、木构建筑、园林设计等堪称世界之最的传统技艺。

新中国成立以来，党和国家高度重视传统科技典籍的整理工作。林草行业的院校和科研机构在古籍整理和研究工作中发挥了重要作用，出版了诸如《中国森林史料》《中国林业科学技术史》《中国林业经济史》等研究成果。自2006年以来，在国家林业局（今国家林业和草原局）的大力支持下，北京林业大学尹伟伦院士领衔的学术团队编纂完成了《中华大典·林业典》，这是新中国成立以来林业系统规模最大的一项文化工程，也是生态文化建设的奠基性工程。但《中华大典·林业典》主要是对古籍的分类整理和史料编排，今后还需要结合时代要求对林草古籍进行全面、系统、深入地整理和研究。

水利行业的古籍整理和研究工作起步较早，民国时期就建立了整理水利文献委员会，后更名为"整理水利文献室"。新中国成立以后，为服务全国的水利建设，水利行业进行了大规模的水利史料整理工作。1956年至1958年，对清宫档案中的水利资料进行了采集，共拍摄照片14万张，打印、抄录卡片2.6万余张，为确定三门峡水库库容和坝高以及长江三峡大坝设计提供了依据。改革开放以后，水利行业的古籍整理和研究工作蓬勃发展，培养了许多水利史人才，编纂完成了清代江河洪涝档案史料丛书，以及《中国水利史稿》《中国水利史纲要》《京杭运河史》等研究著作，整理出版了《再续行水金鉴》《清代干旱档案史料》《中国水利史典》等大型文献，建设了1500—2000年全国水旱灾害数据库。

我国有着五千年的农耕文明，在农业历史演进过程中，留下了卷帙浩繁的农业古籍。1964年，王毓瑚编著《中国农学书录》，收录古代农书509种。2002年，张芳、王思明编写的《中国农业古籍目录》正编部分收录我国农业古籍存目多达2084种，其中包括各类校注性、解释性和汇编性农书。近年来，从农学之外的诸多视角对古代农书的研究开展得如火如荼，如古代农书语言学研究、专类文献文化研究、乡村社会史研究、翻译传播研究等不胜枚举，使农业古籍研究视域不断开拓，也赋予其更广泛的当代价值。

相较于农业、水利行业，林草古籍整理和研究工作相对滞后。究其原因：一是重视不够，缺乏系统的顶层设计；二是投入不足，缺乏持续稳定的政策支持；三是人才短缺，缺乏完善的工作机制。由此导致林草古籍家底不清，很多林草古籍仍散存于世，基础性研究不够扎实，标志性成果不多，转化应用和科普程度有限。因此，亟待强化林草古籍的整理、研究、保护和传承。

三、开展林草古籍工作的建议

为深入贯彻落实中共中央办公厅、国务院办公厅《关于推进新时代古籍工作的意见》，扎实推进新时代林草古籍工作，特提出以下几点建议。

(一) 加强组织领导，完善林草古籍工作机制

建议国家林业和草原局明确林草古籍工作的领导与管理机构，加强顶层设计，制定具体工作方案，全面领导和组织协调林草古籍工作的开展。成立林草古籍工作专家委员会，负责论证、设计林草古籍工作计划和方案。建议依托北京林业大学林业史研究室、中国林业科学研究院林业史与生态文化研究室等相关机构，组建国家林业和草原局林草古籍研究中心，牵头开展林草古籍资源普查、实物征集与保护、书目索引编撰、古籍整理与研究等工作。加大对林草古籍整理和研究的资金支持力度，推动林草古籍的整理、研究与出版，推进林草古籍优秀成果评选、宣传、推广、利用。

(二) 开展林草古籍数据摸底和整理研究

一是建议借鉴国内外先进的古籍研究成果与组织方法，开展全国林草古籍文献的普查和认定，加强基础信息采集，编撰《林草古籍目录索引》，摸清林草类古籍文献资源和保存状况。二是建议设立专项研究课题，稳定支持依托林草古籍研究中心开展林草古籍研究工作。基于前期摸底数据，加强传世林草古

籍系统性整理出版，启动"中国林草古籍校注丛书"等大型林草古籍文献整理工程。三是支持林业院校和科研机构，积极开展林草古籍搜集、整理方面的基础理论研究和时代价值挖掘，加强林草古籍保护、林业文化遗产传承的人才队伍建设。

(三) 加快推进林草古籍的数字化

一是积极推进林草古籍资源转化利用，充分利用现代信息技术对林草古籍文献进行加工处理，使其转化为电子数据形式，通过现代新介质、新媒体进行保存和传播，提高林草古籍资源传承和知识传播效率。二是积极参与国家文化大数据体系建设，开展全国经典林草古籍全面数字化处理及编校，构建完整的中国林草古籍全文数据库及信息平台，实现林草古籍资料数据的在线检索和开放共享。

(四) 促进林草古籍的普及推广和宣传教育

建议建立专门的林草古籍展览馆、数字博物馆等平台和基地，以多种形式开展林草生态文化科普教育。开展林草古籍经典优秀版本的推介，对林草古籍进行精选、精注、精译、精评，提高出版质量。积极倡导林草古籍阅读，结合中国传统文化中的耕读教育，推进林草类经典古籍进校园工作，挖掘和提升林草类古籍文化的教育功能。多渠道、多媒介、立体化地做好优秀传统林草文化的大众化传播，提供优质融媒体服务，真正做到让林草古籍"活"起来、"传"下去。

撰　稿

北京林业大学：李　飞　李　莉　张连伟　周景勇　郎　洁

关于深挖木本食用油供给潜力、增强国家粮油安全保障能力的建议

近年来，我国食用植物油消费量持续增长，需求缺口不断扩大，对外依存度明显上升，食用植物油供给安全问题日益突出。2021年，我国油料消费4354.5万吨，其中国产油料1224.8万吨，自给率仅为33%。随着全球化遭遇寒流、经济增长阻滞和俄乌冲突加剧的影响，国际食用油市场进一步收紧。近期，全球最大的食用植物油出口国印度尼西亚出台了食用油出口禁令，阿根廷提高了食用油出口税，引起世界食用油价格全线上涨。立足国内，不断提升油料自给率显得尤为重要。2022年中央"一号文件"明确提出，要大力实施油料产能提升工程。我国木本油料资源丰富，分布广泛，具有"不与粮争地、不与人争粮"的优势，同时油料品种间替代性强，发展潜力巨大。根据国家粮油中心数据，2021年我国木本食用油产量为68万吨，占国产植物油总产量的5.56%。深入挖掘木本食用油的供给潜力，进一步优化食用油供给结构，将是保障国家粮油安全的重要途径。

一、我国木本食用油供给潜力巨大

(一) 品种资源潜力

据统计,我国木本油料树种有200多种,其中含油量在50%~60%的有50多种,目前开发规模较大的仅有油茶、核桃、油棕、油橄榄、山核桃、文冠果等10多个品种,今后仍有很大的发展潜力。

(二) 面积扩大潜力

近年来,我国木本油料种植面积不断扩大,2020年已达1640万公顷左右。但从现实发展来看,木本油料适生区仍有大量适宜土地未被充分利用。据第三次全国国土调查数据,我国现有15°~25°坡度及以上的耕地1194万公顷,占耕地总面积的9.35%,可纳入退耕还林还草范围用于发展木本油料。

(三) 单产提升潜力

我国具有悠久的木本油料种植传统,已形成长期种植习惯和一定的种植经验,发展基础条件好。但由于品种不良、管理粗放、投入不足等原因,我国木本油料作物普遍存在单产低的问题。如我国核桃平均产量仅为500千克/公顷,不到美国的40%;油茶平均产量仅为150千克/公顷,部分地区的低产油茶林产量不足75千克/公顷,而采用良种良技良法经营的高产油茶林产量在900千克/公顷以上。可见,木本油料单产提升潜力巨大。

（四）市场开拓潜力

木本油料产品具有天然、生态的独特优势，油脂品质高，长期食用对人体健康有利。随着消费结构升级，国内消费者对营养、健康特色食品的需求日益增长，为优质木本油料产品扩大市场份额带来了新机遇。以油橄榄为例，2020年我国橄榄油产量不到5万吨，占国内橄榄油消费量的比例不足50%，国产橄榄油市场开拓潜力很大。2021年，我国核桃油的销量约占食用油总销量的2%，据测算，如果开发利用完全，我国的核桃油销量占比将提升到10%左右。可见，国内木本油料市场可开发空间十分广阔。

二、当前木本食用油产业面临的主要障碍

（一）政策扶持力度较弱，缺乏全产业链支持

木本油料产业链长、投资周期较长，所需资金投入较大，但目前我国对木本油料产业发展的政策扶持力度不够、补贴覆盖面窄。如新造或改造、抚育油茶林的前期亩均投入在6000元以上，而中央财政对油茶林营造的亩均补贴为500元左右，仅占实际投入的8%，且财政资金多以造林绿化的方式进行扶持，缺乏全产业链的支持政策。同时，融资难、贷款难、保险政策不完善等问题也普遍存在。另外，由于用地政策不配套，导致部分木本油料适生区难以保障土地供给，产业发展的规模受到限制。

(二)经营模式落后,亟待提质增效

木本油料集约化经营程度低且普遍存在"重栽轻管、只种不管"现象。树种老化、种植密度不均、品种混杂、疏于管理的大面积低产林是其产业难以发展的重要原因。部分地区出现养分缺失、病虫害严重等问题,致使老林单产低下,经营效益较差,难以调动林农的生产积极性。此外,木本油料深加工业尚不发达,产品以植物油脂初级产品为主,附加值较低。多数油料产区吸引龙头企业入驻难,而本地加工企业规模小、技术薄弱,产业带动作用不强。

(三)科技支撑不足,亟待提升良种率和资源利用率

基础和应用研究不足,在木本油料油脂性状形成与调控机制、机械化采收、高值化利用等重点领域亟待突破。优良适生品种的推广力度不足,良种使用率偏低,缺乏嫁接团队的支撑。生产机械化程度低,尤其是采收加工的机械化程度与世界先进水平差距较大。加工过程中的资源利用效率较低,许多可利用的副产品被白白浪费。

(四)宣传力度不足,市场需求有待激发

由于缺乏市场培育和广泛宣传,导致木本食用油社会接受度和认可度仍然较低,销售渠道不畅。如湖南省隆回县是全国油茶产业规划布局中的核心发展区和适宜栽培区,有几百年的油茶栽培历史,但由于宣传不到位,茶油市场开拓受阻,油茶经营的效益没有充分显现。整体而言,木本油料产品缺乏全国性的知名品牌,一些地方企业各自为战,品种、品质无法统

一，商品形象差，难以形成区域性的公共品牌。与其他农产品相比，木本油料产品的营销手段落后，网络直播等新型营销模式尚未得到普遍应用。

三、提升木本食用油供给能力的政策建议

加快木本油料产业发展，需要站在保障国家粮油安全和巩固拓展脱贫攻坚成果同乡村振兴有效衔接的高度，统筹布局、科学谋划，充分挖掘政策、资源、科技、市场等方面潜力，不断增加有效供给，为保障国家粮油安全贡献力量。

(一)整合政策资源，加大产业扶持力度

建议有关部门研究出台支持木本油料产业发展的意见，明确发展目标、主攻方向和重点任务。鼓励合理利用适宜林地、园地、未利用地和低产低效茶园发展油茶等木本油料，明确在林地上种植油茶等木本油料仍按林地管理。建议中央财政加强木本油料全产业链扶持力度，将种植木本油料纳入国家对粮油生产的补贴范围，将符合条件的采集和初加工常用机械列入农机购置补贴范围。鼓励各地根据实际，整合使用涉农资金，设立"木本油料产业基金"，用于扶持木本油料生产和产业发展。出台支持木本粮油精深加工的税收优惠政策和扶持产业发展的贷款优惠、贴息补助政策，开发推广木本油料保险产品。开展木本油料产业示范县、产业强镇、龙头企业评选，落实好产油大县、规模经营主体奖励政策。

(二)提升集约化和组织化水平,推动产业融合发展

建议进一步加大对木本油料低产低效林改造扶持力度,重点推广木本粮油生态高效种植模式,提升单产水平和产品质量。积极推行标准化、集约化管理,实现林地的高效高产。鼓励企业在木本油料主产区建设加工基地和产业园区,扩大采后烘干和保鲜仓储规模,延长产业链,丰富产品品类,推动由生产初级产品向生产高附加值终端产品转化。培育专业合作社、家庭林场等新型经营主体,支持木本粮油龙头企业和中小生产主体联合,打造产业化联合体,提高生产的组织化程度和一二三产关联度,探索集种苗培育、基地生产、产品加工到休闲康养于一体的产业化发展格局。

(三)加强技术攻关和科技推广,促进产业高质量发展

加大科研专项资金投入,整合科研力量,加强木本油料工程研究中心、重点实验室等科研平台建设,开展木本油料栽培、采收、加工等难点技术攻关,提升资源利用率和经济效益。科学选育优良品种,加大良种推广力度。在全国范围内以省为单位建设一批木本油料良种生产基地、采穗圃,鼓励种苗企业朝育繁推一体化方向发展。加大专用机械研发力度,提高种植、采收、加工等环节的机械化水平。强化木本油料科技特派员、乡土专家队伍建设,建立常态化科技服务机制。

(四)加强品牌建设和宣传推介,提高市场认可度

支持主管部门、重点产区政府、重点油企创建区域公共品牌、企业品牌,打造以公用品牌为引领,地方区域特色品牌、

企业知名品牌为一体的木本食用油品牌体系。鼓励企业依托当地优良品种，申报一批地理标志保护产品，开展绿色食品、有机食品认证和森林生态标志产品认定。加大主流媒体公益广告投放力度，利用权威新媒体推广宣传，提升木本食用油公众认知度。在全国重点区域建设集散市场，扶植各方力量，如协会、企业、大户等建立销售平台，打通产销对接通道，打造"线上+线下"立体化营销矩阵，培育和扩大消费市场。

撰 稿

中国林业科学研究院林业科技信息研究所：赵 荣

关于差异化推进山区生态产品价值分类实现机制的建议

山区生态资源丰富，坚持绿色高质量发展，创新山区生态产品价值实现机制尤其重要。2021年，中共中央办公厅、国务院办公厅印发《关于建立健全生态产品价值实现机制的意见》，要求分类施策、因地制宜、循序渐进。浙江农林大学研究团队结合实际，将生态产品分为物质类生态产品、文化类生态产品和调节服务类生态产品，并基于对浙江和贵州两省的调研，总结分析三类生态产品价值实现机制的现状和成效，剖析存在的问题，提出对策建议。

一、山区生态产品价值分类实现机制初见成效

(一)建立 GEP 核算体系，实现调节服务类生态产品价值可交易

浙江省出台了《生态系统生产总值(GEP)核算技术规范 陆域生态系统》地方标准和《浙江省生态系统生产总值(GEP)核算应用试点工作指南》。丽水市作为全国首个生态产品价值实现机制试点，率先开展了市、县、乡镇、村四级 GEP 核算评

估,完成了首个村级GEP核算评估(遂昌县大田村);山区县纷纷设立"两山银行(基金)",培育"两山公司"等市场交易主体,以实现生态产品价值可交易并初见成效;安吉县建立了"两山"竹林碳汇收储交易中心,并发放了首批碳汇收储交易金和碳汇生产性贷款。贵州省毕节市开发了林业碳票,开展碳汇交易。

(二)发展绿色产业,实现物质类生态产品价值可转化

浙江省山区县依托优良生态环境,因地制宜发展山区高效生态农业,围绕茶叶、果品、竹木等十大主导产业,培育壮大菌、茶、果、蔬、药等特色产业,并通过《关于支持山区26县特色生态产业平台提升发展的指导意见》等政策扶持,加快了物质生态产品价值转化,促进了农民收入增长。2021年,浙江省26个山区县的居民可支配收入平均增幅11.1%,高于全省平均水平(9.8%)。贵州省选准刺梨、茶叶、特色水果等12个特色优势产业,念好现代山地特色高效农业"山字经",2021年全省农产品加工转化率超过55%,农村居民人均可支配收入增长10.4%。

(三)发展特色旅游,实现文化类生态产品价值可变现

浙江省山区县聚焦康养旅游、体验式文化消费等新业态,打响山区特色旅游品牌,旅游收入占农民总收入的比例为11%。贵州做强山区特色旅游,打响了"山地公园省·多彩贵州风"品牌,2021年出台了《关于推动农文旅融合促进休闲农业与乡村旅游高质量发展的指导意见》,全省旅游总收入增长

15%，旅游及相关产业增加值达1000亿元。

二、山区生态产品价值实现机制亟待完善

(一)生态产品价值实现的政策机制不够系统

生态产品价值实现机制试点地区虽在建设机制、生态产品价值核算评估、生态信用、生态产品交易等方面进行了探索，但大多局限于"点"上探索，政策机制的系统性不够，表现在部门之间系统性推进合力不足、配套政策法规不完善，专业人才队伍不足，特别是调节服务类等关键难题仍未突破，生态产品价值实现难以落地。

(二)生态产品及其价值实现的认知存在误区

一是对生态产品及其价值内涵缺乏完整、准确的理解，重有形产品、轻无形产品，特别是对调节服务类生态产品认识不足；二是将生态产品价值实现等同于"等靠要"，往往只盯着政府部门发放生态补偿等被动"输血"方式，忽视了对生态产品经营与利用的自我"造血"机制；三是对三类生态产品的特点及其价值构成不了解，对不同类别生态产品价值实现路径的差异性理解不深。

(三)生态产品价值实现的关键问题亟待破解

1. 调节服务类生态产品价值核算困难，产权界定不清晰，补偿机制不健全

一是GEP核算落地应用任重道远。在实际应用中，GEP

核算存在测算复杂、部门标准不统一、数据采集难等问题，缺乏配套政策，认可度不高，导致 GEP 核算应用难以落地；二是多元化、市场化的生态补偿机制尚不健全。森林、湿地等资源生态调节服务的占补平衡补偿机制尚未建立，碳汇产权界定缺乏依据，体现碳汇价值的生态补偿机制未建立，市场化补偿路径尚未打通。

2. 物质类生态产品经营开发能力薄弱，难以实现生态溢价

一是产品精深开发不足。产品大多以初级产品为主，产地初加工和精深加工较为少，产品形态单一；二是价值链延伸不足。价值链上中下游增值空间挖局不够，销售的只是农产品使用价值，而具有生态标签和质量信号的品牌价值难以体现；三是缺少跨区域生态产品交易平台。现行生态产品交易范围局限于本地，跨区域的生态产品交易格局尚未形成，品牌认可度和辨识度不高，生态溢价难以实现。

3. 文化类生态产品内涵挖掘不够，价值实现模式有待创新

山区生态文化旅游资源丰富，但文化内涵挖掘不够，未充分体现其价值。原因在于：一是文旅融合深度不够，文旅项目缺少与一、二产业的融合，缺少"叠加态"的文化生态产品；二是宣传渠道单一，缺乏有效的传播载体，传统媒体为主渠道的宣传效果难以适应多样化需求，新媒体宣传推广利用率低。

三、差异化推进山区生态产品价值分类实现的对策建议

(一) 做好顶层设计，系统推进差异化生态产品价值实现机制

一是强化政策法规的顶层设计。健全GEP核算标准体系及配套制度；制定生态产品交易的法律法规，规定生态产品交易的市场主体、交易内容、交易方式等，明确调节服务类生态产品(如碳汇)产权界定依据；完善生态资源资产经营、生态产品价值考核等制度和产业、人才、金融等配套政策。二是分类、分区域推进差异化的实现机制。各地要因地制宜出台实施意见，明确目标任务、评价、开发、补偿、实现路径和配套政策。同时，物质、文化和调节服务三类生态产品的价值构成和实现路径存在显著差异，需要抓住各自的关键问题，以系统观念和方法，分类探索差异化的实现机制。

(二) 强化确权赋能，创新探索生态调节服务产品实现机制

调节服务类产品价值实现的关键在于确权赋能和机制创新。山区森林资源丰富，森林碳汇潜力巨大，应围绕"双碳"目标，创新理念机制，明确碳汇产权，建立适应碳中和导向的林业增汇政策机制体系，促进森林生态产品价值的实现。一是建立以森林碳汇为主要对象的专业化碳汇交易机构(或"碳中和"机构)。选择碳汇技术研发与专业人才具先发优势地区，打造全国碳汇交易中心和碳汇交易技术咨询服务高地，并通过数字赋能简化程序，有效降低林业碳汇开发与交易成本。二是探索

建立区域间碳汇平衡交易及差异化的生态补偿机制。首先是建立碳汇交易制度。基于林业碳汇指标通过市场交易方式实现林业碳汇经济价值，真正打通"两山"转换通道。其次是建立政府主导、市场调节的区域之间碳平衡交易机制，为森林增汇行为与区域协同推进提供激励。三是创新碳汇类型，丰富生态产品价值实现机制。创新"减排碳"和"中和碳"两种碳汇类型。前者符合国际国内碳交易市场要求，后者是基于碳中和目标，创新林业碳汇项目方法学，以适应在碳中和背景下市场对林业碳汇的需求，可率先在试点省区域内开展探索。

（三）凸显生态品质，有效提升物质生态产品市场竞争力

物质类生态产品价值实现的关键在于通过信息标签和品牌打造，凸显生态品质，实现生态产品溢价。一要建立跨区域的产业飞地和生态产品市场平台。从试点地区看，山区生态资源丰富但经济薄弱，要在单一区域内部进行生态产品市场化交易难度大，需要通过建立跨区域的生态产品市场平台以扩大生态产品交易范围，通过"产业飞地"与发达地区合作探索生态产品价值异地转化模式。同时，建立生态产品政府采购目录清单，将生态产品价值与财政转移支付金额挂钩。二要加强产业化组织发展。目前农户流转经营土地的意愿和权责对称性不断增强，可通过支持发展龙头企业、合作社等产业化组织，建设生态产品规模化基地，实行集生产、加工和销售于一体的产业化经营，推进标准化生产与打造生态产品品牌紧密结合，提升生态产品溢价。三要完善生态产品溯源体系，建设跨区域的生态

产品供需对接通道。建立生态产品质量追溯机制,健全生态产品交易流通全过程监督体系,实现生态产品信息可查询、质量可追溯、责任可追查。拓展电子商务等新型销售模式,加强东西部合作,特别是与发达地区多主体合作,畅通生态产品进入发达地区的销售渠道。

(四)提升消费体验,多元拓宽文化类生态产品价值的间接实现路径

文化服务类生态产品价值实现的关键在于提高消费体验和创新间接实现方式。一要打造生态旅游金字招牌。深入挖掘和提升山区的独特价值,谋划一批农旅金名片,推动康养旅游、文化旅游、生态旅游、乡村旅游等业态串珠成链。二要拓展生态文化产业链。支持山区特色优势和历史经典产业拓展上下游产业链,促进核心产业与配套产业的有机联动,培育高能级生态文化产业集群。三要在传统服务中注入生态文化元素。升级乡村民宿、教育培训等传统业态,有机注入生态与文化元素,建设以森林康养、山地运动、文化体验等为特色的田园综合体。

撰 稿

浙江农林大学/浙江省乡村振兴研究院:沈月琴 杨 虹

朱 臻 尹国俊

贵州财经大学:敖贵艳

我国滨海滩涂湿地亟待加强精准化监测和精细化保护管理

海岸带是陆地和海洋的过渡地带，是全球经济增长最快和最有活力的区域之一。2021年，我国滨海湿地所在的海岸带贡献了国内生产总值的52.7%。滩涂湿地是滨海湿地的一个重要类型，在净化污染、提供生物栖息地、稳定海岸、固存蓝碳、支撑区域经济社会发展等方面发挥着不可替代的作用。但同时滨海滩涂湿地也极具脆弱性，随着工业化、城镇化进程加快，滩涂资源的过度开发和围填海造地，使得我国滨海滩涂湿地发生了严重的退化，威胁国家和区域的生态安全和可持续发展。中国林业科学研究院专家崔丽娟团队科学分析了30年来我国滨海滩涂湿地的生态变化，提出了加强精准化监测和精细化保护管理的建议。

一、三十年来我国滨海滩涂湿地的生态变化

(一)滨海滩涂湿地面积持续缩减

1990年至2020年，我国滨海滩涂湿地面积总体呈下降趋

势，总面积由 140.99 万公顷减少到 80.39 万公顷，减少了 42.98%。与 1990 年相比，光滩面积减少了 46.30%，盐沼增加了 4.95%。山东省、辽宁省及江苏省是滨海滩涂湿地面积减少量最多的三个省份。其中，江苏省的滨海滩涂湿地损失绝对量最多，高达 16.80 万公顷，减少了 40.79%；山东和辽宁省是全国滨海滩涂湿地减少比例最大的省份，与 1990 年相比分别减少了 16.30 万公顷（60.65%）和 9.30 万公顷（58.39%）。

1990 年至 2020 年，辽河口、黄河口、长江口和珠江口四大河口滩涂湿地面积整体呈下降趋势，分别减少了 4.69 万公顷、14.75 万公顷、3.56 万公顷和 2.76 万公顷。盐城滩涂湿地面积减少明显，总面积由 1990 年的 24.55 万公顷减少到 2020 年的 16.24 万公顷。

（二）滨海滩涂湿地自然性降低，破碎化显著，并向海推移

滨海湿地中的自然滩涂湿地大面积被转变成非湿地和养殖池塘等人工湿地类型。2011 年至 2017 年，被填海造陆的区域达 16.7 万公顷，被人工围垦的面积达 10.6 万公顷。人工湿地面积的大幅度增加，使得滨海滩涂湿地自然性显著降低。

滩涂湿地破碎化严重，湿地斑块由原来的连续分布变为分散而破碎的状态。以广州市滨海滩涂湿地为例，1995 年后广州开始进行大规模的人类开发活动，滩涂和部分近海区域被改造为水产养殖区，成为零碎的养殖水体单元，滩涂湿地景观格局破碎化显著。

滩涂湿地呈现向海大幅度推移的趋势。在自然滩涂湿地面积大量减少的情况下，滨海区域的城市为了获取更丰富的土地资源，曾持续采用向海围垦的方式扩充可利用地面积，导致滨海滩涂湿地的岸线向海扩展。研究显示：2020年中国滨海湿地岸线总长度为21555.3千米，其中2015年至2020年增长了2252.2千米，年均增长达450.4千米；近5年间滨海湿地岸线向海扩张了12.0万公顷，年均扩张达2.4万公顷。人工岸线比例大幅上升，2020年滨海湿地岸线人工利用类型占比达40%。

二、滨海滩涂湿地面积下降的主要因素

(一)我国滨海滩涂湿地变化受到自然和人为因素的共同影响

自然因素从长时间尺度主导湿地的演化，人为因素则是在短时间内影响湿地的动态变化。三十年来，由于外在环境压力的影响，空间格局的演变由以自然地理因素形成的区域差异向人类干扰因素形成的景观差异转变。

(二)围垦是滨海滩涂湿地面积下降的主要人为干扰因素

长江口滨海滩涂湿地受到农业生产和城市扩张的影响，在2000年前后面积下降明显；黄河入海口滨海滩涂湿地向养殖塘等人工湿地转变，另外也因黄河口改道等原因而面积缩减；辽河口滨海滩涂湿地减少和退化的主要驱动力为石油开采、围垦养殖和道路建设等，其中2002年至2018年期间人为干扰显著增加；珠江口存在大量的浅海养殖活动；盐城滨海滩涂湿地在20世纪80年代引入互花米草之后，盐沼的面积呈增长趋势。

2016年以来,随着《湿地保护修复制度方案》《国务院关于加强滨海湿地保护严格管控围填海的通知》等政策的出台,长江口、黄河口、辽河口等重点河口自然湿地面积开始呈现缓慢增长的态势。

三、加强滨海湿地保护管理的政策建议

(一)全面落实《中华人民共和国湿地保护法》,加强组织领导,理顺管理体制

依据《中华人民共和国湿地保护法》,国务院自然资源主管部门和沿海地方各级人民政府应加强对滨海滩涂湿地的管理和保护,明确管护责任主体,落实管护责任,严格管控围填滨海滩涂湿地。要以国土"三调"成果为基础,将重要滩涂湿地纳入生态保护红线,科学确定滨海滩涂湿地管控目标。沿海地区县级以上人民政府应将滨海滩涂湿地保护工作列入国民经济和社会发展规划、国土空间规划和生态环境保护规划,保证专门的经费预算。

(二)编制《全国滨海滩涂湿地保护修复工程规划》

尽快启动编制《全国滨海滩涂湿地保护修复工程规划》,优化滨海滩涂湿地保护体系空间布局,加强高生态价值滨海滩涂湿地保护,逐步提高湿地保护率,填补保护空缺。建立健全以国家公园为主体,以自然保护区、湿地公园等为补充的滩涂湿地自然保护地体系,重点开展污染滩涂湿地的综合治理,退化

滨海滩涂湿地的生态修复，提高滨海滩涂湿地生态系统生态功能。组织实施滨海滩涂湿地保护与合理利用、生态效益补偿等项目，提升滨海滩涂湿地的韧性与可持续性。

(三) 建设滨海滩涂湿地生态系统监测数据库和信息化管理平台

建设滨海滩涂湿地生态系统监测网络，系统掌握全国滨海滩涂湿地生态状况，运用大数据手段提高滨海滩涂湿地生态系统监测管理效率，搭建信息化管理平台实现数据共享，发挥滨海滩涂湿地生态系统大数据在生物多样性保护、生态系统健康评价、污染防治、土地利用、渔业生产中的作用，推动滨海滩涂湿地实现"信息化"管理。

(四) 完善滨海滩涂湿地定位和应急监测，推进精细化保护和管理

在分析全国及重点区域滨海滩涂类型和分布格局及面积变化趋势的基础上，掌握我国滨海滩涂湿地退化的重点区域，针对重点区域、重点退化类型开展定向监测，针对重要退化驱动力开展应急快速监测，并制定有针对性的滨海湿地精细用途管制方案，研发基于问题导向的滨海湿地保护恢复技术及管理模式，为严守我国湿地红线和大陆自然岸线保有率不下降提供技术保障。

撰　稿

中国林业科学研究院：崔丽娟　张曼胤　雷茵茹

　　　　　　　　　　李　伟　窦志国

关于建立健全湿地生态产品
价值实现机制的建议

我国是世界上湿地类型齐全、数量丰富的国家之一,现有100公顷以上各类湿地总面积为3848万公顷。湿地生态调节服务价值突出,衍生物质生态产品丰富,建立健全湿地生态产品的价值实现机制是发挥湿地功能、增进湿地惠民福祉的重要途径。浙江省嘉兴市秀洲区地处杭嘉湖平原,拥有城市近郊湿地46处,面积2378公顷,是杭州湾湿地资源重要组成部分。浙江农林大学研究团队深入研究了秀洲区在湿地生态产品价值实现方面的实践和探索,分析存在的问题,提出了推动湿地生态产品价值实现的政策建议。

一、秀洲区湿地生态产品价值实现的探索

秀洲区在全国较早开展湿地生态产品价值实现机制的探索,通过开展湿地生态产品总值(GEP)核算、开发湿地物质产品、建立湿地生态奖补制度、打造湿地文旅品牌等,推动湿地生态产品价值实现。

(一)发展"菱藕鱼鳖"产业,推动湿地物质产品价值实现

在生态保护优先的前提下,以产业组织为载体开展"菱藕鱼鳖"特色湿地物质产品专业化经营。近5年,依托"专业合作社+无公害基地"模式,实现产品统一标准化管理与销售定价,带动农户增收9000万元;建立"绿秀洲"农业区域公用品牌,形成品牌生产基地15家,青鱼、南湖菱获国家农产品地理标志登记。经营开发湿地物质产品已成为当地农户增收的重要来源。

(二)落实生态奖补制度,推动湿地调节服务功能价值实现

秀洲区大力推进"河湖长制",通过推进"碧水绕城""碧水绕镇""碧水绕村"行动,构建城乡生态幸福水网,建成省市级"美丽河湖"。依托《浙江省重要湿地生态保护绩效评价办法(试行)》,推动湿地调节服务功能价值实现。2021年秀洲区共获得湿地生态补偿资金达100多万元。

(三)打造湿地文旅品牌,推动湿地文化产品价值实现

秀洲区将水乡传统文化传承与湿地旅游结合,提升生态产品文化价值。打造了运河湾、麟湖等一批集湿地保护、科普宣教、文化体验于一体的国家级湿地公园。依托国家级湿地公园,发挥国家级非物质文化遗产——"网船会"发源地、浙江首个民间信仰场所——"刘王庙"所在地等独特优势,努力挖掘菱文化、农民画文化、水乡文化等内涵,举办中国江南网船会等文化旅游活动,年游客流量达到45万人次,年收入近千万元,推动了湿地文化产品价值实现。

经初步测算，2020年，秀洲区湿地生态系统总价值量为352亿元，近5年净增加60%。不断增长的生态系统价值量为今后当地多路径开展湿地资源生态价值实现奠定了基础。

二、湿地生态产品价值实现中存在的问题

(一)湿地生态系统的GEP核算方法有待进一步完善

目前，国家发展改革委、国家统计局印发了《生态产品总值核算规范(试行)》，但仍存在完善之处。首先，该规范中的价格因子设定或数据收集方法较为模糊，难以有效测算湿地生态系统服务市场价值，不利于今后湿地生态产品的价值实现；其次，核算办法所需数据不全、来源不一，缺乏典型核算实例供参考。

(二)湿地物质产品价值链有待进一步延伸

一是湿地物质产品精深加工与市场细分有待进一步加强。精深加工产品系列不够丰富，缺乏从不同消费群体需求开发新产品。二是区域公用品牌的认可度和辨识度不高，溢价不明显。体现在品牌质量追溯的信息标签有待完善，部分进入产品未达到区域公共品牌要求，品牌产品与大型超市、餐饮企业合作市场仍有待拓展。三是围绕湿地物质产品的文化内涵挖掘有待进一步加强。

(三)充分体现湿地调节服务价值的多元化补偿机制尚未建立

一是全国性湿地资源生态价值补偿体系尚未建立。现有部

分地区实施的湿地生态保护绩效补偿也并未充分体现湿地资源调节服务价值，且补偿来源与渠道单一，仍以上级政府财政转移为主；二是湿地碳汇资源开发与交易等市场化补偿路径尚未打通，无法有效对接国家"双碳"战略需求。

（四）围绕湿地生态产品价值实现的绿色金融机制亟待创新突破

湿地资源的保护与利用需要充足资金作保障，亟需依托绿色金融机制解决融资难问题。目前来看，一是缺少服务湿地生态产品的信贷、保险等绿色金融产品体系，社会资本难以融入湿地资源保护修复与利用。二是针对湿地生态产品的绿色金融服务体系尚需完善。湿地生态产品金融服务供需主体难以有效对接、权属主体之间的收益分配机制等现实问题仍需破解。三是针对湿地生态资源产品特点的绿色金融风险防范机制仍需完善。

三、建立健全湿地生态产品价值实现机制的建议

（一）开展湿地生态产品价值实现试点

坚持先行先试，在全国建立一批湿地生态产品价值实现的试点，支持试点地区在湿地 GEP 价值核算、物质生态产品开发、生态补偿机制完善、投融资机制构建等方面进行实践和探索，为其他地区建立健全湿地生态产品价值实现机制探路子、出经验。

(二)建立湿地生态产品价值评价机制

一是编制全国湿地生态产品目录清单,强化湿地资源统一确权登记,将其融入数字信息化管理平台统一监测与管理。二是进一步完善现有湿地生态产品价值核算体系,在价值量核算中明确各项产品与服务的价格因子与数据收集方法,推出一批可借鉴的湿地生态产品价值核算案例,提高核算工作的可操作性。三是将湿地生态产品价值核算成果作为湿地生态补偿、投融资、湿地生态保护与修复绩效考核等的重要依据。

(三)完善湿地物质与文化产品价值增值机制

一是引导企业加强与高校、科研院所合作,开展湿地物质产品精深加工技术研发,推广高附加值的湿地物质产品。二是鼓励开展湿地生态标志产品认定工作,将湿地生态标志产品纳入政府采购目录,拓展消费群体。三是深入挖掘湿地文化内涵提升产品价值。通过开发湿地文创产品,围绕湿地资源打造各类地方文化习俗活动,彰显生态产品价值。

(四)健全湿地资源多元化生态补偿机制

一是以政府财政转移支付为主要手段,鼓励各地建立基于湿地生态保护与修复治理绩效的奖补机制,因地制宜建立差异化的湿地生态保护与修复治理绩效奖补标准。针对部分可能纳入湿地公园或者自然保护区的集体土地建立湿地资源生态补偿机制,保障村集体与农户的相关权益。二是以政府与市场化路径相结合,构建湿地碳汇交易机制。主动对接国家"双碳"战略需求,开展湿地碳汇方法学研制,出台《全国湿地碳汇项目开发工作方案》。设立湿地碳汇专项基金,开展湿地碳汇项目试点,推动湿地碳汇交易。三是构建湿地生态产品的市场化投融资机制,激活沉睡的生态资产。推广"两山合作社"经验,将湿地资源纳入到"两山合作社"业务范围。依托"两山合作社"实现湿地生态产品登记与收储,构建湿地生态产品数字化运营平台畅通城乡湿地生态产品供需渠道。同时,林草部门应联合国有银行、保险公司等金融机构,开发湿地碳汇质押贷款、湿地碳汇生态价值保险等业务,盘活湿地资源。

撰　稿

浙江农林大学经济管理学院:朱　臻　徐彩瑶　沈月琴

关于高质量推进山水林田湖草沙一体化保护和系统治理的若干建议

统筹山水林田湖草沙系统治理，是习近平生态文明思想的重要组成部分，蕴含着深刻的生态学基本原理和系统论思想方法，为新时代生态保护修复提供了科学指引，推动我国生态保护修复发生历史性、转折性、全局性变化，取得举世瞩目的巨大成就。党的二十大报告，把人与自然和谐共生作为中国式现代化的中国特色和本质要求，把尊重自然、顺应自然、保护自然作为全面建设社会主义现代化国家的内在要求。报告明确指出，要推进美丽中国建设，坚持山水林田湖草沙一体化保护和系统治理，提升生态系统多样性、稳定性、持续性。这就对新时代新征程生态保护修复工作提出了新的更高的要求。

从近年来开展山水林田湖草沙一体化保护和系统治理的实践看，宏观层面的总体布局和治理格局已经形成，但在微观层面的工程实施上仍然存在着治理措施不够精准、治理质量不高等问题。为深入贯彻落实党的二十大精神，全面推进人与自然和谐共生的现代化建设，进一步提高生态治理的精准化、科学化水平，高质量推进山水林田湖草沙一体化保护和系统治理，特提出如下建议。

一、全面推行生态系统多样性、稳定性、持续性诊断制度，真正做到问题导向、精准施策

多样性、稳定性、持续性是反映生态系统质量和服务功能的重要指针。统筹推进山水林田湖草沙一体化保护和系统治理的终极目标，就是要建设多样、稳定、可持续的生态系统，使生态系统保持稳定的组织结构、丰富的生物多样性、旺盛的活力、强大的恢复力和完善的服务功能。针对当前生态保护修复中存在的问题，建议尽快建立健全生态系统多样性、稳定性、持续性诊断技术体系，全面推行生态系统多样性、稳定性、持续性诊断制度。首先，要组织相关科研机构，成立跨学科、高水平的研究团队，研究制定反映生态系统多样性、稳定性、持续性的指标体系和评价方法。其次，要以生态保护修复工程项目的实施区域为单位，全面开展生态系统多样性、稳定性、持续性诊断，以问题为导向确定生态治理的方案和措施，真正做到缺什么就补什么，有什么问题就解决什么问题，哪里问题突出就重点治理哪里，找准症结、对症下药、精准施策。第三，要强化生态系统多样性、稳定性、持续性诊断技术体系与生态感知监测体系的有效衔接，对工程实施过程实行常态化监测、动态预警，根据监测预警结果及时调整工程实施方案，提升山水林田湖草沙一体化保护和系统治理的针对性、有效性。

二、切实加强生态保护修复工程实施规划管理，真正做到因地制宜、科学治理

我国地域辽阔，各地的自然条件、资源禀赋、生态区位和经济社会发展状况等都存在很大差异，没有"放之四海而皆准"的生态治理模式。因此，必须从工程实施规划这个源头抓起。首先，要充分考虑生态治理的区域差异性，根据生态系统多样性、稳定性、持续性诊断结果，优化要素配置和工程措施，宜乔则乔、宜灌则灌、宜草则草、宜田则田，因地制宜、科学规划，防止照搬照抄。其次，要坚持保护优先、自然恢复为主的方针，宜封则封、宜造则造，以水定绿、量水而行，科学造林种草，合理配置林草植被，着力提升生态系统的自我修复能力，防止过度治理。第三，要突出工程实施规划的系统性，以自然生态系统的能流、物流走向为基础，依据流域层级关系逐级规划、全面覆盖，从小流域治理走向大流域治理。同时，还要上溯下延，强化系统性风险评估，增强上游下游、干流支流、左岸右岸、坡上坡下治理的协同性，最大限度地保持生态系统的完整性和自然地理单元的连续性。第四，要严格落实工程实施规划科学论证制度，完善规划编制和论证的责任体系，坚决杜绝规划编制中的主观主义、经验主义和走形式、走过场的现象。第五，要强化工程实施规划执行情况的监督监测，确保各项治理措施落实到山头地块。

三、推动实行生态治理工程成本核算制度，真正做到以质为先、建管并重

经过多年来的不懈努力，我国的生态保护修复取得了举世瞩目的历史性成就，但是生态系统总体上质量不高、功能不强的问题依然突出，其重要原因之一就是投入偏低、标准不高，没有真正按照工程来投入和管理。当前，我国生态治理已经从追求量的扩张转向全面提质增效的新阶段，低投入、低水平的工程建设模式已经不能适应新时代新征程山水林田湖草沙一体化保护和系统治理的要求。首先，必须严格按照工程管理方式，实事求是地进行工程成本核算，以投入量决定工程任务量，从根本上解决"任务大而全、资金小而散"的问题，坚定不移走质量优先之路，确保生态保护修复工程经得起历史的考验。同时，要建立投资标准与物价变化联动的动态调整机制，使项目成本管理逐步走向规范化、制度化的轨道。其次，要充分考虑生态保护修复工程的艰巨性和长期性，既要满足工程建设投入，也要考虑后期管理、维护和更新成本。第三，要改变一直以来实行的"定额补助"方式，实行基于治理成本的"定率补助"方式，对于农村集体和个人、私营部门参与的造林、森林抚育等生态保护修复项目，要按照实际成本给予一定比例的财政资金补助，使财政资金发挥更大的效用，更有利于高质量推进生态保护修复。第四，要以生态系统多样性、稳定性和持续性为导向，强化工程实施效果的监测评估，探索建立生态补偿后补助机制，对实施质量高、综合效益显著的生态保护修复

工程项目予以奖励。

四、充分发挥科技的支撑引领作用，真正做到高标准实施、高质量推进

党的二十大报告指出，教育、科技、人才是全面建设社会主义现代化国家的基础性、战略性支撑。必须坚持科技是第一生产力、人才是第一资源、创新是第一动力，深入实施科教兴国战略、人才强国战略、创新驱动发展战略。山水林田湖草沙一体化保护和系统治理是一项科学性很强的系统工程，必须遵循生态系统内在规律和系统论的思想方法，把着力点放在提升生态系统多样性、稳定性、持续性上，不能简单地理解为挖坑栽树、有绿就是成功，更不能沿用20世纪八九十年代消灭荒山荒地的传统做法。因此，必须全方位、全过程强化科技的支撑引领作用。首先，要加快完善生态保护修复工程技术标准体系，对工程建设实行全过程标准化管理，严格按标准设计、按标准实施、按标准验收。其次，要推行以专业化队伍为主的工程实施模式，切实加强一线人员培训，培育一批高水平、高素质的生态保护修复专业化队伍，把专业化技术、现代化装备、信息化管理手段广泛应用于山水林田湖草沙系统治理。第三，要建立生态保护修复工程科技咨询服务制度，充分挖掘科研院所、规划设计单位、相关高校等专业机构的潜力，为每一个工程项目配备相对固定的、高水平的科技咨询服务专家团队，全方位参与生态保护修复工程的问题诊断、方案设计，并在实施

过程中为基层排忧解难，有效解决基层科技人员不足的问题，形成科技支撑山水林田湖草沙系统治理的长效机制。第四，要深化科研项目立项、论证制度改革，坚持以生态保护修复一线需求为导向，自下而上汇聚亟须解决的关键技术难题、凝练关键技术背后的科学问题，找准主攻方向，开展协同攻关，破解山水林田湖草沙系统治理的理论与技术瓶颈，加快成果集成与推广应用，为高质量推进山水林田湖草沙一体化保护和系统治理提供强有力的科技支撑。

撰　稿

中国林业科学研究院：刘世荣　王登举　何友均　赵　荣

大力培育林源中药材产业
推进生态美百姓富的建议

中药材是中医药和大健康产业发展的物质基础。进入新时代，党中央、国务院高度重视中医药事业发展，相继出台了一系列政策措施，我国中医药事业迎来了前所未有的发展机遇。林源中药材是我国中药材的重要组成部分，主要依托林地等资源和良好的生态环境，具有道地、天然、优质的特征。大力培育林源中药材产业是践行"两山"理念、推进生态美百姓富的重要途径，是增加优质中药材供给、满足人民群众健康需求的重要保障。

一、林源中药材产业发展现状

（一）政策扶持力度不断加大

2013年，国家林业局在黑龙江等4省（自治区）启动了林下经济草本中药材种植补贴试点工作。2020年，国家发展改革委等十部门发布了《关于科学利用林地资源 促进木本粮油和林下经济高质量发展的意见》，提出积极探索林药、林菌等多种森林复合经营模式。2021年，国家林业和草原局印发《林草中药材生态种植通则》等3个通则，指导和规范林草中药材生态培育模式。《"十四五"林业草原保护发展规划纲要》将林草中药材列入优势特色产业重点项目，提出了林草中药材生态培育的规划目标和重点任务。2022年，国家林业和草原局发布了《林草中药材产业发展指南》，对林草中药材的产业布局进行了宏观指导。四川、黑龙江、云南、贵州、陕西、江西等省份先后制定了加快林源中药材产业发展相关政策和优惠措施。

（二）林源中药材产业规模快速增长、潜力巨大

在国家和地方相关政策的扶持下，我国林源中药材产业规模快速增长。2020年，全国木本药材产量395.4万吨，较2004年增长了近7倍，逐步形成了吉林、云南、四川、湖南、贵州等一大批林源中药材优势种植区域。2021年，森林药材和食品种植产值达2573亿元，森林药材加工制造产值1153亿元。目前，林源中药材产能占常用中药材产能的58.07%；在国内200多种中药材中，林源中药材有80多种，占比达40%，产业发展潜力巨大。

（三）生态培育的典型模式逐步形成

目前已经逐步形成了生态种植、仿野生栽培和野生抚育等林源中药材生态培育模式，保证了药材药效，取得了良好的生态和经济效益。如浙江省大力发展林下仿野生种植铁皮石斛、黄精、三七等名贵中药材，提升了中药材品质和产业效益，成为"一亩山万元钱"的典型模式。山西省长治市开展连翘野生抚育，青翘产量由原来的25千克/亩提高到150千克/亩，确保了

连翘的质量和资源的可持续利用。

(四)林源中药材产业扶贫成效显著

自开展脱贫攻坚以来,各地把发展林源中药材产业作为促进农民增收致富的重要抓手,取得了显著成效。如贵州省把发展林源中药材作为十大扶贫产业的重中之重,依托林下种植中药材走出了一条生态产业扶贫新路径。湖北省竹溪县大力发展林下黄连种植,建设仓储加工扶贫基地6000多平方米,带动周边农户2000多户,户均增收2多万元。

二、林源中药材产业存在的问题

(一)产业扶持政策仍显不足

尽管国家和地方针对林源中药材产业发展出台了一系列的扶持政策,但总体来看,国家层面的顶层设计还不够完善,产业扶持政策的力度和覆盖面不足,林源中药产业的发展潜力尚未释放出来。林源中药材产业的市场信息不够全面、精准、畅通,导致产业发展存在盲目性,部分种类的药材资源出现过剩。

(二)种植规模小而分散,经营和加工水平低

虽然我国可供种植的林源中药材品种较多,但当前林源中药材的种植规模较小且相对分散,难以进行统一管理和开发利用。林源中药材良种匮乏,绝大多数中药材没有主栽品种,良种推广率不足10%,种子种苗的商品化率较低,部分地区存在

盲目引种现象，导致药材品质下降的现象。中药材种植基地建设水平不高，缺乏必要的林道、灌溉等基础设施。林源中药材产品以原料和粗加工产品为主，精深加工和高附加值加工较少。

(三)优质优价机制尚未形成

目前，林源中药材种植、加工领域缺乏健全的质量标准体系，加之品牌建设滞后，导致许多优质的林源中药材同普通药材一同出售。另外，政府有关部门主导采购的公立医院大多以最低价中标为导向，而林源中药材与大田种植的普通药材相比，具有生产投入成本高、产量低、绿色优质的特点，优质优价机制的缺失，必将严重影响林源中药材产业的发展。

(四)科技和人才匮乏

目前，在林业和中药领域高校、研究院所中仅有部分课题组对林源中药材种植进行研究，研究力量较为薄弱。林源中药材与生态环境的关系等基础理论研究不足，林源中药材种植、经营、加工等环节的技术标准不健全，林源中药高值化加工利用等应用技术缺乏。林源中药材产业产学研融合发展不足，科技创新服务平台较少。由于林源中药材产业涉及林业和中药领域，专业人才特别是复合型人才严重匮乏。

三、推进林源中药材产业高质量发展的政策建议

随着"农地非农化、非粮化"整治力度的加大，利用林地源

地发展中药材将成为保障我国优质中药材供给的重要战略方向。"十四五"时期将是林源中药材产业高速发展的黄金时期，大力发展林源中药材产业，将极大提升森林生态系统产出，对于深入践行绿水青山就是金山银山理念，实现生态美和百姓富的有机统一，全面推进健康中国和乡村振兴战略具有重要意义。

（一）尽快出台林源中药材产业发展的指导性文件，完善政策扶持

建议国家林业和草原局联合中医药、农业农村等部门，尽快出台推动林源中药材产业发展的指导意见，明确林源中药材产业发展的原则、目标、主要建设内容和相关配套政策。将林源中药材生产和配套基础设施建设纳入相关支农政策范围，鼓励各地政府建立林源中药材产业引导基金和中药材市场平准基金，打造区域公共品牌。定期发布林源中药材重点品种推荐目录清单，指导林源中药材生产。完善林源中药材产业统计指标，及时掌握产业发展动态。

（二）加强野生药材资源保护和种子种苗繁育

尽快启动实施林源中药材资源普查，摸清家底。加强野生药用植物资源保护，建立珍稀濒危野生药用植物种质资源保护区。科学制定林源中药材资源保护目录，开展分级保护和利用。推动药用植物种源筛选、引种驯化和良种繁育，培育一批道地性强、药效明显、质量稳定的新品种。建立一批标准化、规模化、产业化的道地中药材良种繁育基地和保障性苗圃，提升药材供种供苗能力。

(三)以基地建设为重点,大力推广生态培育模式

加大科技成果推广力度,将林源中药材生态种植、仿野生栽培和野生抚育等生态培育技术纳入重点推广林草科技成果名单。建设一批生态化、标准化和适度规模化的林源中药材生产基地。鼓励重点国有林区、国有林场利用林地资源,建设生态化中药材生产基地,引导制药企业自建、以订单联建等形式建立稳定的中药材生产基地。充分发挥基地的示范和带动作用,完善基地与当地农民的利益联结机制。

(四)坚持三产融合发展,提升产业的质量和效益

支持林源中药材龙头企业、专业合作社、家庭林场等经营主体在产地建设初加工基地,推动产地加工与饮片生产一体化。支持以林源中药材为基源的保健食品、日用品、化妆品和添加剂的研发,推动一批有食用传统并通过安全性评估的林源中药材进入药食同源或新食品原料目录。加强林源中药材培育与森林康养、生态旅游等产业融合发展,建设一批以林源中药材为特色的中医药健康旅游基地和森林康养基地。

(五)强化科技支撑和人才培养

建设国家级林源中药材技术创新中心和工程技术中心,聚焦生态培育、药效成分形成及其与环境条件的关联性等方面开展基础理论研究。支持企业重点突破生态化种植、机械化生产和现代化加工等技术,提升中药材现代化生产水平。建立林源中药材咨询专家库,强化产业发展的科学论证和技术指导。鼓励相关高校、科研院所开设林源中药材培育相关专业或研究方向，培养林源中药材科技领军人才、青年科技人才和高水平创新团队。鼓励校企合作，开展职业技能培训，定向培养专业技术人才。加强对农民的林源中药材种植知识和技术培训。

撰　稿

中国林学会：陈幸良　王　枫

北京林业大学林学院：付玉杰

中国林业科学研究院资源信息研究所：周泽峰

中国中药协会中药材种植养殖专业委员会：王卫权

浙江农林大学经济管理学院：朱　臻

贵州中医药大学药学院：张文龙

清华大学中国农村研究院：李朝柱

关于深入推进生态产品价值实现的建议

党的十八大以来,党中央和国务院就生态产品价值实现作出一系列安排部署,从增强生态产品供给能力到挖掘生态产品市场价值,再到建立健全生态产品价值实现机制,相关政策和制度框架逐步建立。各地结合实际进行了有益的探索,取得了明显实效。推进生态产品价值实现是一项系统工程,必须持续完善配套政策体系,不断破除各种障碍,真正打通绿水青山转化成金山银山的路径。

一、生态产品价值实现的实践探索

(一)制度框架初步形成

中共中央办公厅、国务院办公厅印发的《关于建立健全生态产品价值实现机制的意见》明确了生态产品价值实现的主要目标,并就生态产品调查监测、价值评价、经营开发、保护补偿、保障和推进机制等提出明确要求。截至目前,已有浙江、江西、山东等20个省份先后制定并公布了本级关于生态产品价值实现机制的实施方案。在中共中央办公厅、国务院办公厅印发的《关于深化生态保护补偿制度改革的意见》，国务院办公厅《关于鼓励和支持社会资本参与生态保护修复的意见》等政策文件中，也对生态产品价值实现的相关问题作出制度安排。另外，相关部委也制定了配套政策措施，如自然资源部出台了《自然资源统一确权登记暂行办法》，国家发展改革委和国家统计局联合制定了《生态产品总值核算规范（试行）》。这些意见、办法、方案等，初步构成了生态产品价值实现的制度框架。

（二）试点工作持续推进

近年来，我国围绕生态产品价值实现建立了一大批试点，开展了一系列的改革和探索。福建等省份被设立为国家生态文明试验区，贵州等地被确定为国家生态产品市场化试点，浙江丽水和江西抚州成为国家生态产品价值实现机制改革试点市。自然资源部确定了山东东营等地为自然资源领域生态产品价值实现机制试点，生态环境部先后认定468个生态文明建设示范区和188个国家"绿水青山就是金山银山"实践创新基地。这些试点在生态文明体制改革、生态产品价值实现路径等方面进行了大胆探索和尝试，取得了可资借鉴的经验，树立了创新标杆。

（三）典型案例示范引领

自然资源部先后印发三批生态产品价值实现典型案例，生态环境部发布"绿水青山就是金山银山"实践模式与典型案例，国家林业和草原局改革发展司编的《绿水青山就是金山银山典型实践100例》，国家发展改革委也公布19个生态产品价值实现经典案例。截至目前，浙江、安徽、江西等地自然资源主管部门相继发布生态产品价值实现典型案例，集中体现了生态补偿、权属交易、指标配额、绿色金融等方面的有益探索。

二、当前生态产品价值实现面临的主要障碍

（一）政策协同机制不完备

整体上看，缺乏系统化政策体系与有效联动机制。现有政策多分散于发展改革委、资源、环境等不同部门，政策的系统性、协同性和针对性不强，难以形成政策合力，制约了资源环境要素的有机结合和高效利用。如国土空间规划缺乏生态产品价值实现理念的整体性嵌入，目标引领性和导向性不够；生态建设中经营性用地指标难以落实，生态产业发展与空间要素配置不协调等。

（二）生态补偿机制不健全

生态补偿资金来源和补偿方式单一，主要依赖于中央财政转移支付，地方政府资金缺口较大，企业和社会参与积极性不高。补偿标准低、不科学，生态保护补偿与其付出的发展机会成本、做出的生态保护贡献不对等。以生态系统服务功能损益或机会成本等方法来测算补偿标准，易受主客观因素影响，且与补偿主体实际支付能力和意愿相背离，也使得补偿资金无法与其精准对接。横向生态补偿机制缺乏，市场化和多元化生态补偿培育难度较大。

(三) 市场化交易体系不成熟

生态产品交易市场体系尚未完全建立，基于价格机制配置生态产品的市场机制仍不完善。从供给端看，生态环境保护的根本性、结构性压力总体上尚未得到缓解，局部区域大气和水环境问题仍然突出，森林、草原、湿地等生态系统的质量还不高，优质生态产品供给能力不强。从需求端看，由于信用体系欠缺和信息不对称，生态产品的社会接受度和认知度不高。生态产品供给区和受益区之间存在空间差异，经济社会发展差异大、话语权不对等，供需双方的高效对接机制尚未建立，区际生态产品交易市场很难形成。

(四) 生态金融体系尚未建立

生态担保、绿色信贷和金融中介服务等生态金融体系尚未建立。生态产品具有外部性和回报长期性，投资生态产品风险较大，需引入担保机制缓释风险，而该领域的银保协同制度仍是空白。由于生态系统生产总值(GEP)核算结果不被广泛认可，生态权益难以成为标的物进行抵(质)押，加之生态信用制度缺失，绿色信贷发展缓慢。生态金融产品主要以传统的短期信贷为主，缺乏符合中长期发展需求的创新型金融产品。现有的"生态银行"或"两山银行"侧重于收储功能，金融属性弱。咨询、律政、评级等中介服务鲜有涉及生态产品领域。

三、深入推进生态产品价值实现的政策建议

(一) 加强政策和组织协同

一是将生态产品价值实现理念融入到各级政府的国民经济和社会发展、产业发展、空间规划等重要规划中，推进生态产品价值实现成效与各级党政业绩考核挂钩。二是成立国家、省、市、县四级生态产品价值实现促进中心，建立党委政府一把手领导负责制，并落实专职人员具体推进工作。三是坚持综合施策，由发展改革委发挥牵头，联合自然资源、林草、生态环境等有关部门制定并出台有关用地指标、资金投入、生态税收等综合性政策工具。四是建立多部门联席会议机制，理顺各方关系，统筹推进生态产品价值实现。如就规范光伏发电产业发展用地，自然资源部、国家林业和草原局、国家能源局联合出台了支持政策，促进沙漠区域生态产品价值实现，具有良好的借鉴意义。

(二) 健全生态补偿机制

根据不同区域特点，科学评估生态产品供给贡献或生态损害程度，构建分级分类的补偿体系和实施方案。一是综合考虑治理投入、机会成本和市场价值，科学设定生态补偿标准。二是依据生态产品价值核算结果、生态环境保护面积等因素，完善对重点生态功能区、自然保护地等生态高地资金倾斜力度。三是探索市场化补偿机制，允许生态获益区通过资金补偿、飞

地经济、产业扶持等方式对生态效益外溢、扩散区进行补偿，建立跨区域（流域）横向生态补偿的供需关系。同时，提高环境执法力度，依法追究赔偿义务人生态环境损害赔偿责任，构建补偿和赔偿关联机制。

（三）完善市场交易体系

一是以政府为主导，联合高校、科研院所、社会组织，探索建立符合我国国情的生态产品准入标准、认证程序、标志标识和公共品牌制度，构建统一的生态产品认证体系。二是创新生态产品类型，如探索生态溢价类的资产衍生型产品、森林覆盖率等指标类规制型产品以及区域化综合型产品。三是制定生态产品市场交易管理办法，构建公开透明、开放竞争的生态产品市场交易中心，促进供需高效对接。四是以政府购买服务为牵引，充分发挥市场机制调节生态产品供需，逐步完善生态产品价格形成机制。同时，配套完善价格调控机制，防止资本恶意炒作或价格剧烈波动，规避相关产业链、金融和社会风险。五是坚持科技赋能，充分利用大数据、区块链、物联网等技术，打造规范的基础信息平台和数据发布平台。

（四）创新金融支持体系

一是鼓励政府性融资担保机构为符合条件的生态产品经营开发主体提供融资担保服务，引导社会担保机构加快增设生态产品担保业务，壮大风险资金池规模。二是明确将生态权益纳入抵（质）押对象和范畴，并使其制度化，允许围绕生态权益开发和设计金融衍生品，构建生态金融产品体系。三是推广生态环境导向开发模式(EOD)、特许经营、政府购买服务等多种模式，提升综合化信贷服务能力。四是鼓励会计、法律和信用评级等第三方机构为生态产品金融项目提供评估咨询和投融资定制化服务，完善金融中介业务制度。

撰　稿
中国林业科学研究院：陈绍志
中国林业科学研究院林业科技信息研究所：赵　荣

CCER 抵消机制下高质量推进林草碳汇市场建设的建议

一、我国林草碳汇市场建设进展

充分发挥森林、草原等生态系统的增汇作用，是协调经济发展与降低碳排放矛盾，以低成本实现"双碳"目标的重要途径之一。2021年，我国林草碳汇规模超过12亿吨，位居世界首位，且未来增汇潜力较大。同时，林草生态系统还具有明显的生态、经济、社会等多重效益，与其他碳减排途径相比，林草碳汇更具成本优势。但上述林草碳汇潜力及其多重优势能否真正有效发挥，在很大程度上取决于是否将林草碳汇作为CCER抵消机制纳入碳交易体系，以及从国家战略层面建立健全林草碳汇市场，提供支撑林草碳汇市场发展的正向激励。

随着我国碳交易试点市场的运行，我国已经逐步探索建立了包括林业碳汇在内的CCER抵消机制，并形成了基于CCER抵消机制的林草碳汇市场。截至目前，在CCER抵消机制下，我国已经公示了97个林业碳汇CCER项目；其中，13个项目获得备案,3个项目获得减排量备案并进入碳市场进行交易。其中,塞罕坝机械林场首批签发造林碳汇核证减排量18.275万吨,已完成销售16.2756万吨,实现收入314万元。

随着"双碳"战略的持续推进和全国碳市场建设进程加快,CCER抵消机制下的林草碳汇市场迎来了新的发展机遇。2023年3月,生态环境部向全社会公开征集温室气体自愿减排项目方法学建议。2023年6月,生态环境部开始对全国温室气体自愿减排注册登记系统和交易系统验收,并表示力争2023年年内尽早启动全国温室气体自愿减排交易市场,其中,林业碳汇等自愿减排项目将会进入CCER市场。2023年7月,生态环境部发布了《温室气体自愿减排交易管理办法(试行)》(征求意见稿),这对于CCER抵消机制下的林草碳汇市场建设无疑是一个重大机遇,对促进林草碳汇生态产品价值实现、助力"双碳"战略目标实现具有重要的现实意义。

二、CCER抵消机制下林草碳汇市场建设面临的主要问题

对标碳达峰碳中和目标和全国碳市场建设要求,结合现阶段林草碳汇市场发展现状,加快推进林草碳汇市场建设仍面临以下四个方面的问题与困难。

(一)林草碳汇市场的有效需求不足

林草碳汇的有效需求不足体现为两个方面:从控排企业的碳配额抵消需求来看,林草碳汇在CCER项目中占比小,已审

定的林草碳汇项目为97个，仅占3.4%。全国碳市场允许CCER可抵消比例仅为5%，各试点碳市场的允许比例也多在5%~10%，加之免费分配碳配额本身造成多数企业配额过剩，导致对林草碳汇的需求不足。另外，仅有竹产品"碳标签""林业碳票""蚂蚁森林碳汇"等少量林草碳汇信用类产品，非控排企业、投资机构和公众等群体的购买意愿较低。

（二）林草碳汇市场的交易成本偏高

林草碳汇交易成本包含搜寻成本、可行性研究成本、谈判成本、监控成本、方法学开发成本、项目核证核验成本、减排量核证成本等，项目入市环节多、核证机构少、上市耗时长，形成了较高的交易成本。在仅考虑项目开发、项目审定、项目监测和核证成本的情况下，一个20万亩的林业碳汇项目的开发成本高达40万~80万元，前期开发成本较高。同时，在后续信息搜寻、交易撮合等方面，碳汇交易还会产生其他各项费用，这将使得林业碳汇交易成本总体较高。

（三）支撑林草碳汇市场的方法学不完善

当前已经备案的林草碳汇方法学仅有5个，包含4个林业碳汇方法学和1个草地碳汇方法学，相比50个再生能源类方法学，当前的林草碳汇方法学无法满足碳汇项目的开发需求，天然次生林、草原碳汇等方法学亟须完善补充。全球纳入林草碳汇交易的主要机制包括清洁发展机制（CDM）、核证碳标准（VCS）、黄金标准（GS）、REDD+交易架构（ART）、全球碳委员会（GCC）、气候行动储备（CAR）等，每个标准涉及诸多方法学，当前国内方法学与之相比仍存在覆盖范围有限、标准不健全等问题。

(四) 服务林草碳汇市场的配套制度不健全

目前，我国还没有关于CCER抵消机制下林草碳汇产品的专项管理办法，围绕林草碳汇的相关政策尚不健全，针对林草碳汇项目不确定性、开发与交易规则复杂性的风险防范机制仍未建立。尽管部分地区探索性地推出了林草碳汇质押和保险类产品，但整体规模小。林草碳汇债券、基金、远期产品等助推大规模融资的林草碳汇金融产品与服务尚未全面开发。掌握林草碳汇计量技术与政策的专业人员不足，经营主体的林草碳汇经营管理能力亟待提高，支撑林草碳汇的专业教育体系仍然缺乏。

三、加快推进CCER抵消机制下林草碳汇市场建设的建议

推进CCER抵消机制下林草碳汇市场发展，必须进一步提升全社会对林草碳汇的认识，激发林草碳汇市场供需潜力，建立完善的交易管理体系，创新金融产品与服务，健全配套管理机制，实现国内国际自愿碳市场协同增效。

(一) 激发林草碳汇市场供需潜力

建议国家林业和草原局牵头出台保护和发展林草碳汇的法律法规或部门规章，规范林草碳汇项目的开发利用、过程管理和交易规则。尽快完善林草碳汇方法学，系统研究VCS、GS、CCER等方法学的国际国内差异，补充湿地、天然次生林等碳

汇方法学。改善森林经营方式,通过抚育采伐再造林,减少毁林和森林退化,拓宽造林空间,激发竹林等林草碳汇供给潜力。提高现有CCER项目5%的抵消比例,探索建立CCER浮动抵消机制,激发更多控排企业购买林草碳汇。鼓励社会公众购买林草碳汇,倡导绿色消费。

(二)降低林草碳汇全流程交易成本

建议将林草碳汇入市程序由7个精简为3个,即"编制监测报告—第三方机构核证—项目进场交易",简化林草碳汇项目核准签发流程,缩短项目入市周期,培育更多第三方核证机构,降低林草碳汇项目的开发成本。引进有资质、有技术、有资金实力的优质企业进行林草碳汇项目的专业化开发经营,针对不同类型林草碳汇项目设计招商运营方案,推动林草碳汇产业化规模化运行,实现林草碳汇开发的规模效益。

(三)创新林草碳汇市场金融产品服务

研究制定林草碳汇预期收益权质押贷款管理办法,通过再贴现、再贷款等结构性货币政策引导信贷资金向林草碳汇项目及企业倾斜,建立并逐步扩大林草"碳汇账户"和"碳汇信用账户"。将林草碳汇项目支持情况纳入金融结构环境信息披露和绿色金融考核评价体系,探索建立金融机构参与林草碳汇交易的风险容忍机制。利用好国家绿色金融改革创新试验区,探索林草碳汇资产回购、期权期货产品、债券、保险、基金等林草碳汇相关的融资与资产管理服务。

(四)健全林草碳汇市场配套保障制度

运用卫星遥感、网格化监测、数字孪生等技术,开展林草碳汇的本底调查、储量评估和潜力分析，加强林草碳库动态监测。构建系统集成、智慧精准的林草碳汇生态产品价值数据库和可视化平台，实现碳汇经营、收储等多场景应用，建立支撑林草碳汇市场发展的服务机制。建立林草碳汇财政科技经费支持机制，推动高校或科研院所组建林草碳汇重点实验室、中心和智库，培养林草碳汇相关专业人才。

（五）强化林草碳汇市场与其他碳市场协同性

建立相对灵活的市场交易机制，增强CCER市场吸引力，提高CCER市场资源配置效率。针对CCER市场与其他碳市场不协同问题，加快全国碳配额市场、自愿碳市场、碳普惠市场的融合，加强CCER市场与环境保护、能源利用的联动，探索碳关联产业的传导机制。推动建立CCER市场与VCS、GS等国际自愿碳市场的协同机制，逐步提升我国CCER市场在国际上的影响力和话语权，加强对未来全球碳市场发展趋势、碳价制度和碳管理机制的研究，减少价格大幅波动，提升林草碳汇价值与功能。

撰　稿

北京工业大学循环经济研究院：翁智雄

山西财经大学国际贸易学院：曹先磊

浙江农林大学浙江省乡村振兴研究院：沈月琴

浙江农林大学经济管理学院：吴伟光

北京航空航天大学经济管理学院：谢　杨

北京大学环境科学与工程学院：戴瀚程

关于实施"藏粮于林"战略、构建多元化食物供给体系的建议

实施"藏粮于地、藏粮于技"战略,是党中央、国务院立足我国粮食生产实际,以全局视野和战略思维提出的重大决策,为加强耕地保护、推动农业科技进步、保障国家粮食安全提供了根本遵循,取得了举世瞩目的历史性成就。森林自古以来就是人类的粮库,在"大食物观"背景下,进一步深化和拓展"藏粮于地、藏粮于技"战略的内涵,充分发挥森林"粮库"功能,推动实施"藏粮于林"战略,加快推进森林食物产业高质量发展,为构建多元化食物供给体系、保障国家粮食安全、建设健康中国、全面推进乡村振兴作出贡献。

一、战略意义

(一)实施"藏粮于林"战略,是维护国家粮食安全的重要举措

2022年,我国粮食进口1.47亿吨,占全国粮食总产量的21.4%,其中大豆进口0.91亿吨。2021年,我国木本粮食产量1300万吨,木本食用油产量104万吨,食用林产品成为我国继粮食、蔬菜之后的第三大重要农产品。我国有34亿多亩森

林、8000多种木本植物，蕴藏着丰富的食物资源，实施"藏粮于林"战略，发展森林食物产业潜力巨大。如果发展富含20%以上蛋白的构树、桑树、刺槐等饲料资源5000万亩，即可提供高品质植物蛋白1000万吨，减少3000万吨以上的大豆进口，相当于2亿亩耕地的大豆产量，将有效保障国家粮食安全。森林食物具有多年结实的特性，在多变的国际粮食市场环境下，实施"藏粮于林"战略，建设天然粮油储备库意义重大。

（二）实施"藏粮于林"战略，是全面推进乡村振兴的重要途径

我国山区和林区的面积占国土面积的69%，人口占全国人口的56%，是实施乡村振兴战略的难点区域。2022年全国经济林种植面积6.71亿亩，年产量2.09亿吨，产值1.59万亿元，覆盖全国县级行政区总数的84.4%，从业人口达到了9094万人。森林食物产业具有不与粮食争地、兼具生态和经济功能等显著优势，实施"藏粮于林"战略，大力发展经济林、林下种养采摘、林源饲料以及精深加工等，有利于推动乡村特色产业发展、拓展农民增收就业渠道，对于全面推进乡村振兴具有重要意义。

（三）实施"藏粮于林"战略，是改善膳食结构、促进人民健康的重要抓手

我国以淀粉为主要营养物质的主粮不能满足人民群众日益增长的健康需求，全国约3亿人由于营养素摄入不足或营养失衡而存在"隐性饥饿"，70%的慢性疾病与隐性饥饿有关。2020年全国人均果品消费量从1978年的6.8千克增加到60千克以

上，成为人民生活水平提高的重要标志之一。森林食物具有绿色、生态、优质等显著特征，富含黄酮类、单宁类、生物碱等多种对人体健康有益的植物次生代谢产物，是解决"隐性饥饿"问题的有效途径，具有草本粮食所不具备的健康功能。实施"藏粮于林"战略，能够更好地满足人民群众对食物的多样化需求，对于优化居民膳食结构、推动大健康产业发展等均具有重要作用。

二、主要问题

当前，我国森林食物产业发展已取得长足进步，初步形成了布局合理、效益良好的产业格局，但尚存在一些问题。

（一）突破性品种少，单位面积产量较低

我国森林食物虽种质资源丰富，但新种质创制仍以传统育种为主，兼具高产、优质、宜机械化、抗病的突破性品种较少，良种间同质化现象较为普遍。食用林业特色资源种植面积虽大，但单位面积产量低，如全国茶油平均亩产仅有10.8千克，板栗坚果平均亩仅为130千克，尤其是一些老林，良种化程度极低、低产低效，大部分处于野生或半野生状态，是未来提质增效的重点对象。

（二）采收及预处理技术水平落后，生产效率低下

采收及采后预处理已经成为制约产业发展的瓶颈之一。森林食物资源分散，采收以人工为主，劳动强度大，但农村年轻

劳动力严重缺乏，作业成本要占生产成本40%以上。采收后干燥主要依靠低效的自然干燥，且大多木本粮食产品果皮、壳分离难，人工分离效率低，品质难以保障。与农作物耕种收综合机械化率72%相比，我国林业机械收储装备与技术差距巨大，规模化生产的预处理技术和装备亟待突破。

（三）资源综合利用率低，精深加工短板明显

我国森林食物加工多为农户小作坊加工经营方式，产业规模小而分散，加工技术水平和产品质量档次较低。产品研发创新能力不足，新型非热加工、功能性食品开发、智能控制等精深加工技术缺乏，80%以上的木本粮油产品属初级产品，精深加工不足5%，70%~90%的资源未得到有效利用。精深加工不足导致二产对一产的拉动作用不明显，部分森林食物资源处于"结构性过剩"状态，产业的质量和效益未得到有效发挥。

（四）品牌化建设亟须加强，产业融合亟待提高

大多数木本粮食产品为区域性自产自销，缺乏市场意识和品牌意识，缺乏带动力强的龙头企业和地方特色突出的知名品牌。农村一、二、三产业之间缺乏有效的整合和协同，一产种植业发展相对迅速，但缺乏统筹规划；二产加工业发展较为迟缓，对种植业的带动作用和对服务业的需求拉动作用不强；三产服务业虽发展势头迅猛，但是融合策源功能不足，产业创新水平不高。三产齐备的基地和企业较少。

（五）研发能力不足，流通渠道不畅

产品研发能力不足、科技成果转化率低是我国森林食物产业发展的重要瓶颈。规模化、智能化的杀菌、提取分离、包装等关键技术装备的国产化率低，全产业链技术装备滞后。森林食物的消费市场至今仍未打开，尚未形成成熟的经营模式和稳定的销售渠道，地方政府重生产、轻流通的现象较为普遍，产品流通不畅、效率低下，阻碍了产业健康发展。

三、发展建议

(一)强化规划引领，完善产业发展政策

尽快研究制定国家层面的"藏粮于林"战略规划，积极践行"两山"理念，不断优化森林食物产业发展布局，聚焦资源培育、精深加工、市场流通、品牌打造等产业发展难点问题谋划政策举措。加强森林食物产业的市场调查和产业统计工作，准确把握市场供需动态，建设完善的森林食物产业信息库，为决策部门提供依据，为生产部门提供参考。不断完善林地利用政策，落实退耕还林地、生态公益林等各类适宜林地发展木本粮油和林下经济的相关政策。

(二)加强核心技术攻关，支撑产业高质量发展

设立森林食物产业重点专项，突破制约产业发展的技术瓶颈。加强林果机械化采收技术与装备、林木枝叶机械化联合收获技术装备等智能化集储技术与装备研制，提升资源集储机械化率。重点支持优质种质资源基因研究和培育，建立种质资源生物基因库，解决同质化发展严重问题。创新油脂功能成分分

离、低温低耗高效的制油技术，研究林产资源制备功能饲料及生物活性饲料添加剂制备技术，提升木本油料全资源利用率和木本蛋白质饲料比例，不断提高林产品深加工率和资源综合利用率。

（三）强化产业化集成示范，推进产业集群发展

要立足森林食物资源集中区，重点开展木本粮油树种智能机械化采储、功能组分提取和加工副产物综合利用技术的产业化示范，加快建设以国家级示范园区为核心的特色产业创新集群，通过采取"公司+基地（专业合作社）+农户"等形式，高质量、高标准打造一批示范区、示范片和示范点，形成布局合理、产品结构优化、龙头企业带动、粗精深加工分工合理、优势互补的产业集群。

（四）推动森林食物产业三产融合发展

完善一、二、三产业配套，重点加强对二产加工业的扶植，以二产促一产带三产，形成规模化体系化。积极引导企业在木本粮食产品主产区建设原产地初加工基地，鼓励推进特色果品、木本粮油、木本调料、林源饲料等精深加工和副产物综合利用，促进循环利用和综合利用。依托种植基地，推进种植、采集加工与生态旅游、森林康养、森林人家、自然教育等森林景观利用多种发展模式融合发展，加强与中医药、保健食品、化妆品、旅游等加工业、服务业的跨界融合，促进产业链延伸，提升产业的质量效益。强化品牌战略，开展森林食物产品生态认证，打造有市场影响力的知名特色区域品牌和中国驰

名商标。

(五)建立多元化投入机制,完善财税扶持政策

要压实地方政府投入责任,健全政府投资与金融、社会投入的联动机制,充分发挥企业、农民合作社和林农投入的主体作用。建议森林食物产业用地参照中央对农业的各项惠农政策给予补贴与管理,实施林产品精深加工的税收优惠政策,建立据实贴息、产出后补助等多元化扶持金融政策,将符合条件的种植养殖、采集和初加工常用机械列入农机购置补贴范围。对在农村建设的保鲜仓储设施用电以及林产品原产地加工用电,实行农业生产用电价格。

撰　稿

中国林业科学研究院:蒋剑春

北京林业大学:尹伟伦

东北林业大学:李　坚

中国林业科学研究院:张守攻

南京林业大学:曹福亮

中南林业科技大学:吴义强

关于加强新时代林草文化传承发展的建议

2023年10月召开的全国宣传思想文化工作会议首次提出习近平文化思想,为中华优秀传统文化创造性转化和创新性发展提供了强大思想武器和科学行动指南。中华民族和中国人民依托森林、草原等自然资源和生态系统创造的林草文化,是中华优秀传统文化的重要组成部分,是文化事业繁荣和文化产业发展的重要方面。以习近平文化思想为指导,全面推进新时代林草文化传承发展,是一项刻不容缓的重要任务。

一、加强新时代林草文化传承发展的战略意义

(一)林草文化传承发展是坚定文化自信的重要支撑

习近平总书记强调,要坚定文化自信、增强文化自觉,传承革命文化、发展社会主义先进文化,不断巩固全党全国各族人民团结奋斗的共同思想基础,构筑中华民族共有精神家园。人民群众和共产党人植根中华文化沃土形成的林草智慧结晶、林草革命和奋斗精神,是推动文化繁荣、建设文化强国的有力

支撑。传承发展林草文化，坚定和增强文化自信自觉，有助于提高文化强国的软实力和中华文化影响力，为中华民族伟大复兴和社会主义现代化强国建设奠定坚实文化基础。

(二)林草文化传承发展是建设美丽中国的时代需要

习近平总书记强调，建设美丽中国是全面建设社会主义现代化国家的重要目标。当前，我国已经迈上建设人与自然和谐共生的中国式现代化之路。林草文化见证了中华先民筚路蓝缕保护利用森林和草原资源的历史，蕴含着中华先民与自然和谐共处的生生不息之道，至今仍给予后人警示和启迪。将林草文化中丰富的生态理念与历史经验运用于生态文明建设以及现代社会生活，有助于构建人与自然和谐共生的现代化格局，加快推进美丽中国建设的进程。

(三)林草文化传承发展是贯彻落实"两个结合"的重要举措

习近平总书记强调，在五千多年中华文明深厚的基础上开辟和发展中国特色社会主义，把马克思主义基本原理同中国具体实际、同中华优秀传统文化相结合是必由之路。历史正反两方面的经验表明，"两个结合"是我们取得成功的最大法宝。林草文化凝结了五千年来劳动人民的生存智慧，为当代林草事业发展提供了厚重的历史积淀和经验借鉴。深刻把握林草行业历史发展规律，充分运用宝贵的林草文化资源，全面总结党领导林草文化建设的实践经验，马克思主义真理之树才能根深叶茂，中华优秀传统文化才会具有更强的生命力。

二、加强新时代林草文化传承发展的主要任务

(一) 推进林草典籍版本的活化利用

林草典籍版本是文脉赓续、文化传承的重要基础和载体。新中国成立以来，我国林草典籍版本收集整理工作取得了显著成效，整理出版《新时期党和国家领导人论林业与生态建设》《毛泽东论林业》《中国近代林业史》等重要图书。进入新时代，《中华大典·林业典》《中国林业百科全书》等奠基性、标志性重大文化工程项目相继开展。2022年，中共中央办公厅、国务院办公厅印发的《关于推进新时代古籍工作的意见》，首次明确了林草主管部门在古籍工作中的职责，为林草古籍工作指明了方向。但目前林草典籍版本大多集中于收集、校释和汇总，系统性研究不足，转化应用和共享传播范围有限，至今仍有大量珍贵中华林草典籍版本散落在各地。因此，需要加快推进林草典籍版本的活化利用。

(二) 推进活态林业遗产的保护利用

我国地大物博、幅员辽阔，因地理条件、资源禀赋以及社会环境的差异，在不同时期不同地域形成并遗留了类型丰富的活态林业遗产，如古树群、经济林以及传统林业生产经营技术、生产生活习俗等。如今，这些遗产及其遗产地不仅在提供动植物栖息地、改善气候、美化环境、涵养水源等方面发挥着重要作用，也是人类获得优良林木种质资源、森林食品、生态

智慧、历史记忆等的重要来源。习近平总书记多次强调要"加大文物和文化遗产保护力度""树立大食物观，保障粮食安全，推动绿色发展"。受自然和人文因素影响，许多活态林业遗产正处于濒危状态。而且，目前对于活态林业遗产的保护利用，缺乏顶层设计，介入力度不够，调查不全面，研究不深入。因此，为有效提升林业遗产的保护力度，发挥活态林业遗产的利用价值，需要推进活态林业遗产的保护利用。

（三）推进林草精神谱系的凝练提升

林草精神是中国共产党精神谱系的重要组成部分，是新时代林草事业建设与发展的宝贵精神财富。党在引领中华民族伟大复兴的历史进程中，始终将森林、草原保护和发展工作摆在重要位置，带领全国人民艰苦奋斗、甘于奉献、开拓创新，涌现出以石玉殿、马永顺、余锦柱、谷文昌、王尚海、颉富平、石光银、孙建博、杨善洲、李保国等为代表的林草模范人物，形成了以"南泥湾""柯柯牙""八步沙""三北""塞罕坝""右玉"等为代表的林草精神。但目前对林草精神的挖掘不够，精神谱系梳理零散，也缺乏对百年来党的林草事业基础性资料的收集和总结。因此，为更好地践行习近平生态文明思想和习近平文化思想，不断加强新时代林草宣传思想文化工作，迫切需要推进林草精神谱系的凝练提升工作。

（四）推进林草文化产业繁荣发展

林草文化产业与社会生产生活、经济发展紧密关联，是林草产业发展的重要形态。随着人民生活水平的日益提高，对文化的需求开始从低层次向高品质和多样化转变，这就对发展林草文化产业提出了新的要求。"十四五"林草产业发展规划以及旅游业发展规划，均将林草资源和生态文化纳入产业布局和建设之中，推动林草文化产业发展取得阶段性进展，特别是在种苗花卉、生态旅游、森林康养等重点领域成效显著。但目前林草文化产业资源挖掘不够，林草文化产业结构的适配性不强，林草文化产业体系未完全形成。因此，为更好地服务生态文明建设、乡村振兴等国家战略，满足人民日益增长的美好生活需要，需要推进林草文化产业的繁荣发展。

三、加强新时代林草文化传承发展的建议

(一)成立林草古籍研究院，建立林草典籍版本资源库

建议由国家林业和草原局牵头，整合相关资源，依托林草行业相关高校和科研机构，成立林草古籍研究院，系统收集林草典籍版本，全面推进林草通史编撰和林草生态文化研究。运用现代科技手段实现林草古籍典藏的保护和修复，深入挖掘林草古籍蕴含的生态哲学思想、人文精神以及价值理念。充分发挥现有智库、技术和平台，建设服务国家、面向社会的林草典籍版本资源库。加强林草典籍版本信息的数字化和可视化，建立具象的呈现方式和宣传推广平台，促进林草典籍版本资源共享和传播。

(二)启动活态林业遗产保护工作，构建和完善遗产保护体系

建议国家林业和草原局设立一批活态林业遗产保护项目，

启动遗产申报、认定、分类和管理工作。组织历史学、生态学、经济学、管理学等领域的专家，在遗产地全面开展遗产价值评估，深入挖掘活态林业遗产的社会、经济、生态、文化等多重价值，建立一批活态遗产保护基地，提炼一批活态遗产符号和标识物，打造一批活态遗产地域品牌。组织编撰遗产知识普及、技术指导等系列丛书，构建和完善中国特色的活态林业遗产保护体系。

（三）加强中国共产党百年林草史研究，弘扬林草英模事迹和林草精神

建议深入发掘党和国家领导人关于林草事业发展的重要指示和相关论述、重要法案与文件等，重点阐释百年来中国共产党人在推进林草事业发展中取得的重大成就，总结提炼党的林草事业建设与传统文化结合的历史经验，尤其是对习近平总书记关于林草事业发展的重要指示和论述进行学理化阐释和学术化研究。系统梳理和总结典型林草人物精神谱系和事迹，通过建立教育基地、组建培训班和宣讲团、开设专报专刊、评选先进个人和团队等多种形式搭建立体的宣传体系，营造良好的社会氛围，不断推进新时代党的林草英模事迹和精神的阐释弘扬。

（四）制定林草文化产业发展规划，优化林草文化产业布局和结构

建议林草主管部门与文旅相关单位进行深度合作，制定林草文化产业发展规划，立足地方林草资源优势，发挥地方群众的主体作用，深入挖掘林草历史文化。按照发展规律和市场需

求,大力发展林草文化产业,设立林草文化产业发展示范基地或示范园区,促进林草文化产业规模化、集约化和高端化。继续办好旅游节、文化节、博览会,广泛应用先进科技平台,充分展示林草文化特色内涵,推动林草文化产业在供给、消费、服务和管理方面的持续创新和运用,不断优化林草文化产业布局和结构。

撰　稿

北京林业大学:郎　洁　张连伟　李　飞　李　莉
　　　　　　　周景勇　张　鸿

关于依托全国森林可持续经营试点建立中国森林可持续经营长期试验示范网络的建议

党的十八大以来，我国林业建设取得历史性成就，成为全球森林面积增加最快、人工林面积最多的国家，但森林质量整体不高，严重影响森林生态功能和碳汇、林产品供给能力。究其原因，除长期以来"只造不管""重造轻管"外，缺乏长期经营试验数据积累、森林经营理论和技术模式相对滞后，也是经营水平不高的重要原因。建议依托新一轮全国森林可持续经营试点，建立覆盖全国重点林区、不同气候带、主要森林类型的森林可持续经营长期试验示范网络，打造国家林草科研的"野外实验室"。

一、必要性和可行性

（一）建立森林可持续经营长期试验示范网络是服务国家重大战略的重要举措

全面推进森林可持续经营，是贯彻落实习近平总书记"着力提高森林质量"重要指示精神和党的二十大提出的"提升生态系统多样性、稳定性和持续性"重大任务,充分发挥森林"四库"作用,助力实现"双碳"目标的重要举措,也是推动落实"全球森林可持续管理网络"倡议的重要行动。由于森林经营周期长、类型多,必须持续不断地进行研究探索和试验观测,迫切需要建立长期稳定的试验示范网络,为精准提升森林质量提供科学依据。

(二)建立长期试验示范网络是林业发达国家的普遍做法

世界林业发达国家都很重视长期试验网络建设。加拿大自1992年建立了模式林网络(Model Forest Network),围绕森林可持续经营的标准和指标建立了10个试点,迄今已达30年,并发展成为覆盖35个国家、60个模式林的全球森林可持续经营网络(https://imfn.net/)。美国自1930年起,建立了大尺度、长期的森林经营试验林网络,观测周期覆盖一个轮伐期或多个采伐周期。欧洲以近自然林业协会Prosilva为平台,建立了覆盖整个欧洲的长期经营样板林网络(https://www.prosilva.org),目前包括92个试验林及长期固定观测样地。这些长期试验示范网络为总结形成切合本国实际的森林经营理论和技术范式提供了一手资料,推动了森林经营技术的进步。

(三)我国现有野外试验和观测体系均难以满足森林可持续经营长期试验示范的要求

到目前为止,我国已经建立了多个森林野外试验观测体系,如森林资源清查固定样地、森林类生态定位站、长期科研基地等，但这些野外试验观测体系的目标不同、布局相对独立、试验观测的内容各有侧重。国家森林资源清查体系固定样地存在样地特殊对待、调查因子少等局限性；生态定位站网络多为自然条件下的生态系统过程观测，缺乏森林经营措施的设计；国家长期科研基地的数量和覆盖面不足，不能反映所有的森林类型。可见，现有野外试验和观测体系均难以满足森林可持续经营模式总结、获取经营参数、定量评价经营效果、开展技术推广应用和培训等要求。

（四）依托全国森林可持续经营试点建立森林可持续经营长期试验示范网络基础扎实，切实可行

近年来，我国相继开展了多轮全国森林经营试点工作，建立了一批森林可持续经营试点，但均未形成全国森林经营实验林网络和长期经营观测样地。2023年，国家林业和草原局发布了《全国森林可持续经营试点实施方案（2023-2025年）》，计划用3年时间，引领各地建立以森林经营方案为核心的制度体系，建设一批示范模式林，形成一批可复制可推广的典型经验和机制措施，目前试点单位数量已达368个。本次试点吸取了国内外相关经验做法，数量多、规模大、范围广、投资标准高，为建立长期试验示范网络奠定了坚实的基础。依托这些试点建立中国森林可持续经营长期试验示范网络，可以节省投资、提升效率，具有很强的可行性。

二、基本设想

(一) 总体目标

依托全国森林可持续经营试点,建立中国森林可持续经营长期试验示范网络,为森林可持续经营理论与技术创新提供长期试验基地,为森林可持续经营效果评价提供监测样本,为森林可持续经营和森林质量精准提升提供科技支撑。

(二) 建设布局

在目前368个森林可持续经营试点中选择150个左右代表性试点,初步形成覆盖全国重点林区、不同气候带、主要森林类型的网络布局。今后,根据需要逐步补充完善,建立布局合理、功能完备、长期稳定的网络体系,打造国家林草科研的"野外实验室"。

(三) 主要任务

1. 森林可持续经营技术研究

面向森林质量精准提升、碳中和、社会对林业的多功能需要等国家和行业重大需求,科学布设森林经营实验,开展我国主要森林类型的全周期经营技术研究,形成中国特色的森林经营理论与技术体系。建立定期交流机制,组织学术交流活动,加强国内外合作。

2. 森林可持续经营效果监测

提出符合国际通用标准的森林经营长期实验样地布设、调查、森林经营实验设计、效益监测等规范，开展森林经营数据规范化采集、整理、汇总、共享和示范林保存，科学掌握森林资源的动态变化规律，客观评价森林经营对森林质量和碳汇等功能的影响，定期发布森林经营成果报告，服务森林经营重大决策。

3. 森林可持续经营模式推广

总结我国主要森林类型的全周期经营技术，形成可推广的技术模式、指南和声像资料；选择展示性强、效果显著的试点和技术，开展成果推广和辐射；形成基于长期实验样地的森林生长和经营智能化决策云感知平台，为森林经营单位试点提供数表、模型、方案等实用工具。

4. 森林可持续经营技术培训

根据森林经营分区，面向森林经营单位一线技术和管理人员，通过线上和线下等手段，开设林间课堂，定期开展森林可持续经营技术的理论和实践培训，不断提升全国森林经营能力和水平。

5. 森林可持续经营科普教育

依托固定观测样地和经营示范林，建立一支全国森林可持续经营科普队伍，面向社会公众开展森林可持续经营理念和技术普及，引导公众科学认识森林可持续经营，吸引社会资本参与森林可持续经营实践。

三、相关政策建议

（一）建立完善的管理运行机制

建议将中国森林经营长期试验示范网络作为我国林草科技创新体系的重要基础平台进行建设和管理，建立司局牵头、专家指导、科研单位具体负责的管理运行机制。建议由国家林业和草原局资源司、科技司等相关司局协调归口业务指导，全国森林可持续经营专家委员会进行技术指导，运行管理办公室设在中国林业科学研究院资源信息研究所。同时，建议积极协调亚太森林组织将该网络纳入"全球森林可持续管理网络"。

（二）多方筹措建设运行经费

建议按照"全面启动、分批建设"的原则，结合全国森林可持续经营试点、林草基本建设等项目先期投入建设启动资金，分批逐步投入运行经费。鼓励省级林草主管部门将长期试验和示范网络运行经费纳入省级财政预算，落实好配套支持政策。鼓励归口管理单位、技术支撑单位积极筹措资金，确保网络建设、运行和科研费用投入的持续性。

（三）设立基础性研究项目

建议设立"中国森林可持续经营"重大基础研究项目，依托中国森林可持续经营长期试验示范网络，针对主要森林类型的全周期经营技术，面向多功能需求的森林调查和规划技术等森林可持续经营中的基础性、关键性和全局性问题，持续开展产学研管联合攻关,建立中国特色森林可持续经营理论体系,形成一批森林经营实践中能用管用的技术成果,助力新时代林草事业高质量发展。

撰　稿

中国林业科学研究院资源信息研究所:雷相东　王　宏　符利勇

中国林业科学研究院华北林业实验中心:张会儒

东北林业大学:李凤日

西南林业大学:胥　辉

河北农业大学:黄选瑞

西北农林科技大学:李卫忠

华南农业大学:刘　萍